中国瓦屋山
珍稀野生花卉图谱

张　浩　冯玉麟／主编

四川科学技术出版社

图书在版编目 (CIP) 数据

中国瓦屋山珍稀野生花卉图谱 / 张浩, 冯玉麟主编.
— 成都 : 四川科学技术出版社, 2023.12
ISBN 978-7-5727-1218-0

Ⅰ.①中… Ⅱ.①张… ②冯… Ⅲ.①野生植物—花
卉—洪雅县—图谱 Ⅳ.①Q949.4-64

中国国家版本馆CIP数据核字(2023)第234602号

ZHONGGUO WAWUSHAN ZHENXI YESHENG HUAHUI TUPU

中国瓦屋山珍稀野生花卉图谱

主　编　张　浩　冯玉麟

出 品 人　程佳月
组稿编辑　戴　玲
责任编辑　吴　文
封面设计　韩建勇
责任出版　欧晓春
出版发行　四川科学技术出版社
　　　　　成都市锦江区三色路238号　邮政编码 610023
　　　　　官方微博 http://weibo.com/sckjcbs
　　　　　官方微信公众号 sckjcbs
　　　　　传真 028-86361756
成品尺寸　210 mm × 285 mm
印　　张　31.5
字　　数　630 千
插　　页　2
印　　刷　成都蜀通印务有限责任公司
版　　次　2023年12月第 1 版
印　　次　2023年12月第 1 次印刷
定　　价　280.00元

ISBN 978-7-5727-1218-0

邮　　购：成都市锦江区三色路238号新华之星A座25层　邮政编码：610023
电　　话：028-86361770

本书编委会

主　编

张　浩　冯玉麟

编　委（排名不分先后）：

陈　萍　冯家鸣　冯玉麟　黄　琴　彭建华
帅　红　宋良勇　唐艳明　王　灿　王全军
薛　丹　薛　冬　严家玉　杨幼祥　张德鸿
张　浩　祝之友

　　四川大学文飞燕、汪瑶、李朋等参与了植物野外考察与资料整理工作。

　　洪雅县卫生健康局刘体良、罗德富，洪雅县中医医院祝庆明、周胜建，洪雅县瓦屋山药业有限公司周波、李金山，洪雅县瓦屋山镇伍万祥、史正林、易加明等参与了植物野外考察工作。

　　洪雅县国有林场何勇提供了宝贵的资料及建议。

作者简介

张浩

男，四川省成都市人。1977年成都中医学院药学系毕业，留校任教；1982年四川医学院药学系（后更名为华西医科大学药学院，现为四川大学华西药学院）毕业，获理学硕士学位，留校任教；1989、1990年先后为瑞士苏黎世大学和瑞士联邦高等工业大学（苏黎世，ETH Zurich）访问学者。曾任四川大学华西药学院副院长，生药学教研室主任。四川大学教授，博士生导师。

冯玉麟

男，四川省洪雅县人。1970年华西医科大学毕业后，留华西医科大学附属医院呼吸内科工作至今。1979年考取华西医科大学内科学呼吸系病硕士研究生，师从张仲扬教授，1982年毕业，获医学硕士学位。1987年赴美国加州洛杉矶洛马林达大学医学中心研修呼吸与危重症医学及临床药理，1989年学成回国。曾任四川大学华西医院呼吸与危重医学科主任，大内科主任、内科学系主任。四川大学教授、博士生导师。

前言

"朝登北湖亭，遥望瓦屋山。"瓦屋山耸立于四川盆地西南缘，是连接四川盆地与青藏高原的生态桥梁，形胜天授。得天独厚的地理位置与自然气候条件，造就了这片生物多样性的天堂，其生物种类呈现南北过渡、东西交汇的特点，被誉为"物种宝库""生物基因库"。

作为众多高等植物的现代分布中心和物种分化中心，瓦屋山尤其以其丰富的珙桐资源和繁茂的杜鹃花海闻名遐迩。然而，由于多数地区目前尚为未经开发的原始状态，人们对瓦屋山植物种类的了解多有欠缺，特别是对瓦屋山原产的珍稀野生花卉资源所知尚少，无数自然瑰宝仍在深山幽谷中默默绽放。基于此，本书的编写者倾注心血，组织人员潜心编成此书，以期为瓦屋山植物资源的深入研究和合理利用奠定基础。

本书的野外实地考察与编写工作由四川大学华西药学院、华西医院相关专业人士组成，洪雅县卫生健康局、洪雅县中医医院、洪雅县瓦屋山药业有限公司等也均派专人参加野外实地考察工作。在完成《中国瓦屋山常见药用植物图鉴》一书的基础上，我们继续深入野外探索，广泛研究文献及图像资料，归纳总结并整理成书。

本书共收载瓦屋山有分布的野生花卉 700 余种，附图近 2 000 幅，选种原则以观赏性与代表性为重，对观赏性较强、品种较多、影响重大的重点科属如杜鹃花科、蔷薇科、木兰科、忍冬科、百合科、兰科植物进行了较为系统的介绍，洋洋洒洒，蔚为大观，全方位地展示了瓦屋山野生花卉的物种多样性。部分品种选配了植物生境、局部重要特征等彩色照片，以便让读者在野外能进行核对识别。

本书特别聚焦瓦屋山所分布的珍稀野生花卉。以杜鹃花为例，自威尔逊于 1907 年在瓦屋山第一次专门考察并采集后，各种文献记载的品种达 40 余种，但许多仅存于资料记载，未见真容。经编写者多年野外实地考察、收集标本、拍摄照片并鉴定种类，首次在本书中以上百幅珍贵一手照片将瓦屋山有分布的 50 余种杜鹃花属植物集中呈现，让"杜鹃王国"的丰富多姿及绚丽风采跃然纸上。

我们以科学严谨的内容、简明扼要的文字、图文并茂的形式，勾勒出瓦屋山野生花卉资源的丰富画卷。衷心希望本书能激发四方志士对瓦屋山生物多样性之关注，唤起众人保护自然栖息地之意识。庶几保护与开发并重，科普与观光同行，终得永续发展之道，惠及后世。

目录 MULU

绪论 ···················· 1

金粟兰科 ···············21

  1.四川金粟兰 ·········· 21

桑寄生科 ···············22

  2.柳叶钝果寄生 ········ 22

马兜铃科 ···············22

  3.川南马兜铃 ·········· 22

  4.宝兴马兜铃 ·········· 23

  5.尾花细辛 ············ 23

  6.川滇细辛 ············ 24

蓼科 ···················24

  7.圆穗蓼 ·············· 24

  8.珠芽蓼 ·············· 25

  9.小大黄 ·············· 25

石竹科 ·················26

  10.异花孩儿参 ········· 26

  11.掌脉蝇子草 ········· 26

毛茛科 ·················27

  12.瓜叶乌头 ··········· 27

  13.岩乌头 ············· 28

  14.花莛乌头 ··········· 28

  15.短柱侧金盏花 ······· 29

  16.短柱银莲花 ············ 29

  17.西南银莲花 ············ 30

  18.打破碗花花 ············ 30

  19.大火草 ················ 31

  20.无距耧斗菜 ············ 31

  21.星果草 ················ 32

  22.裂叶星果草 ············ 32

  23.铁破锣 ················ 33

  24.驴蹄草 ················ 33

  25.花莛驴蹄草 ············ 34

  26.钝齿铁线莲 ············ 34

  27.金毛铁线莲 ············ 35

  28.毛柱铁线莲 ············ 35

  29.大花绣球藤 ············ 36

  30.晚花绣球藤 ············ 36

  31.须蕊铁线莲 ············ 37

  32.甘青铁线莲 ············ 38

  33.圆锥铁线莲 ············ 38

  34.柱果铁线莲 ············ 39

  35.丽叶铁线莲 ············ 39

  36.川黔翠雀花 ············ 40

  37.峨眉翠雀花 ············ 40

目
录

38.直距翠雀花 ……………………………… 41

39.耳状人字果 ……………………………… 41

40.人字果 …………………………………… 42

41.铁筷子 …………………………………… 42

42.美丽芍药 ………………………………… 43

43.高山唐松草 ……………………………… 43

44.偏翅唐松草 ……………………………… 44

45.宽萼偏翅唐松草 ………………………… 45

46.滇川唐松草 ……………………………… 45

47.爪哇唐松草 ……………………………… 46

48.小果唐松草 ……………………………… 47

49.长柄唐松草 ……………………………… 47

50.弯柱唐松草 ……………………………… 48

木通科 ………………………………………… **49**

51.五月瓜藤 ………………………………… 49

小檗科 ………………………………………… **50**

52.峨眉小檗 ………………………………… 50

53.单花小檗 ………………………………… 51

54.瓦屋小檗 ………………………………… 51

55.川鄂小檗 ………………………………… 52

56.粉叶小檗 ………………………………… 52

57.华西小檗 ………………………………… 53

58.芒齿小檗 ………………………………… 53

59.巴东小檗 ………………………………… 54

60.疣枝小檗 ………………………………… 54

61.兴文小檗 ………………………………… 55

62.粗毛淫羊藿 ……………………………… 56

63.绿药淫羊藿 ……………………………… 56

64.宝兴淫羊藿 ……………………………… 57

65.无距淫羊藿 ……………………………… 58

66.方氏淫羊藿 ……………………………… 58

67.川鄂淫羊藿 ……………………………… 59

68.强茎淫羊藿 ……………………………… 59

69.细柄十大功劳 …………………………… 60

70.亮叶十大功劳 …………………………… 60

71.峨眉十大功劳 …………………………… 61

72.长阳十大功劳 …………………………… 61

防己科 ………………………………………… **62**

73.地不容 …………………………………… 62

木兰科 ………………………………………… **63**

74.野八角 …………………………………… 63

75.山玉兰 …………………………………… 64

76.凹叶玉兰 ………………………………… 64

77.红色木莲 ………………………………… 65

78.峨眉含笑 ………………………………… 65

79.峨眉拟单性木兰 ………………………… 66

80.红花五味子 ……………………………… 66

樟　科 ………………………………………… **67**

81.三桠乌药 ………………………………… 67

82.峨眉钓樟 ………………………………… 68

83.天全钓樟 ………………………………… 68

84.毛叶木姜子 ……………………………… 69

85.宝兴木姜子 ……………………………… 69

领春木科 ……………………………………… **70**

86.领春木 …………………………………… 70

罂粟科 ………………………………………… **71**

87.南黄堇 ·························· 71

88.高茎紫堇 ························ 71

89.籽纹紫堇 ························ 72

90.穆坪紫堇 ························ 72

91.突尖紫堇 ························ 73

92.黄堇 ·························· 73

93.洱源紫堇 ························ 74

94.川西紫堇 ························ 74

95.秃疮花 ·························· 75

96.全缘叶绿绒蒿 ···················· 75

97.红花绿绒蒿 ······················ 76

十字花科 ························· **77**

98.弯曲碎米荠 ······················ 77

99.大叶碎米荠 ······················ 78

100.芝麻菜 ························· 78

虎耳草科 ························· **79**

101.大落新妇 ······················ 79

102.肾叶金腰 ······················ 80

103.峨眉金腰 ······················ 80

104.绵毛金腰 ······················ 81

105.大叶金腰 ······················ 81

106.柔毛金腰 ······················ 82

107.中华金腰 ······················ 82

108.长叶溲疏 ······················ 83

109.南川溲疏 ······················ 83

110.褐毛溲疏 ······················ 84

111.峨眉溲疏 ······················ 84

112.粉红溲疏 ······················ 85

113.长江溲疏 ······················ 86

114.四川溲疏 ······················ 86

115.长齿溲疏 ······················ 87

116.马桑绣球 ······················ 87

117.东陵绣球 ······················ 88

118.西南绣球 ······················ 88

119.莼兰绣球 ······················ 89

120.粗枝绣球 ······················ 90

121.蜡莲绣球 ······················ 91

122.柔毛绣球 ······················ 92

123.挂苦绣球 ······················ 92

124.短柱梅花草 ····················· 93

125.大卫梅花草 ····················· 93

126.突隔梅花草 ····················· 94

127.凹瓣梅花草 ····················· 94

128.丽江山梅花 ····················· 95

129.山梅花 ························· 95

130.紫萼山梅花 ····················· 96

131.毛柱山梅花 ····················· 96

132.冰川茶藨子 ····················· 97

133.矮醋栗 ························· 97

134.裂叶茶藨子 ····················· 98

135.华西茶藨子 ····················· 98

136.宝兴茶藨子 ····················· 99

137.小果茶藨子 ····················· 99

138.羽叶鬼灯檠 ····················· 100

139.西南鬼灯檠 ····················· 100

140.卵心叶虎耳草 ··················· 101

目 录

141.肉质虎耳草 ·········· 102

142.蒙自虎耳草 ·········· 102

143.红毛虎耳草 ·········· 103

金缕梅科 ···················· **104**

144.四川蜡瓣花 ·········· 104

145.滇蜡瓣花 ·········· 105

蔷薇科 ···················· **106**

146.假升麻 ·········· 106

147.大头叶无尾果 ·········· 107

148.尖叶枸子 ·········· 108

149.灰枸子 ·········· 108

150.匍匐枸子 ·········· 109

151.泡叶枸子 ·········· 109

152.矮生枸子 ·········· 110

153.平枝枸子 ·········· 110

154.小叶枸子 ·········· 111

155.宝兴枸子 ·········· 111

156.麻叶枸子 ·········· 112

157.纤细草莓 ·········· 112

158.黄毛草莓 ·········· 113

159.垂丝海棠 ·········· 113

160.丽江山荆子 ·········· 114

161.川康绣线梅 ·········· 114

162.中华绣线梅 ·········· 115

163.蕨麻 ·········· 115

164.三叶委陵菜 ·········· 116

165.银露梅 ·········· 116

166.蛇含委陵菜 ·········· 117

167.银叶委陵菜 ·········· 117

168.尾叶樱桃 ·········· 118

169.细齿稠李 ·········· 118

170.稠李 ·········· 119

171.木香花 ·········· 119

172.复伞房蔷薇 ·········· 120

173.尾萼蔷薇 ·········· 120

174.城口蔷薇 ·········· 121

175.小果蔷薇 ·········· 121

176.绣球蔷薇 ·········· 122

177.细梗蔷薇 ·········· 122

178.卵果蔷薇 ·········· 123

179.软条七蔷薇 ·········· 123

180.长尖叶蔷薇 ·········· 124

181.大叶蔷薇 ·········· 124

182.华西蔷薇 ·········· 125

183.野蔷薇 ·········· 126

184.粉团蔷薇 ·········· 126

185.峨眉蔷薇 ·········· 127

186.扁刺峨眉蔷薇 ·········· 127

187.绢毛蔷薇 ·········· 128

188.钝叶蔷薇 ·········· 128

189.川滇蔷薇 ·········· 129

190.秀丽莓 ·········· 129

191.周毛悬钩子 ·········· 130

192.西南悬钩子 ·········· 130

193.掌叶覆盆子 ·········· 131

194.毛萼莓 ·········· 131

195.山莓 …………………………… 131
196.峨眉悬钩子 ………………………… 132
197.凉山悬钩子 ………………………… 132
198.蓬蘽 …………………………… 133
199.宜昌悬钩子 ………………………… 133
200.绵果悬钩子 ………………………… 133
201.喜阴悬钩子 ………………………… 134
202.红泡刺藤 ………………………… 134
203.乌泡子 …………………………… 135
204.茅莓 …………………………… 135
205.梳齿悬钩子 ………………………… 136
206.陕西悬钩子 ………………………… 136
207.红毛悬钩子 ………………………… 137
208.香莓 …………………………… 137
209.空心泡 …………………………… 138
210.川莓 …………………………… 138
211.紫红悬钩子 ………………………… 138
212.密刺悬钩子 ………………………… 139
213.木莓 …………………………… 139
214.三色莓 …………………………… 139
215.瓦屋山悬钩子 ……………………… 140
216.窄叶鲜卑花 ………………………… 140
217.高丛珍珠梅 ………………………… 141
218.美脉花楸 ………………………… 141
219.石灰花楸 ………………………… 141
220.江南花楸 ………………………… 142
221.湖北花楸 ………………………… 142
222.陕甘花楸 ………………………… 142

223.大果花楸 ………………………… 143
224.西南花楸 ………………………… 143
225.四川花楸 ………………………… 143
226.川滇花楸 ………………………… 144
227.华西花楸 ………………………… 144
228.中华绣线菊 ………………………… 145
229.翠蓝绣线菊 ………………………… 145
230.狭叶粉花绣线菊 …………………… 146
231.无毛粉花绣线菊 …………………… 146
232.毛叶绣线菊 ………………………… 146
233.鄂西绣线菊 ………………………… 147
234.波叶红果树 ………………………… 147
豆　科 ………………………………… 148
235.山槐 …………………………… 148
236.两型豆 …………………………… 149
237.肉色土圞儿 ………………………… 149
238.土圞儿 …………………………… 150
239.灌丛黄芪 ………………………… 150
240.多花黄芪 ………………………… 151
241.鞍叶羊蹄甲 ………………………… 151
242.粉叶羊蹄甲 ………………………… 152
243.云南羊蹄甲 ………………………… 152
244.云实 …………………………… 153
245.毛笐子梢 ………………………… 153
246.笐子梢 …………………………… 153
247.云南锦鸡儿 ………………………… 154
248.响铃豆 …………………………… 154
249.圆锥山蚂蝗 ………………………… 155

目
录

250.长柄山蚂蝗 ····· 155

251.尖叶长柄山蚂蝗 ····· 156

252.河北木蓝 ····· 156

253.垂序木蓝 ····· 157

254.山葛 ····· 157

牻牛儿苗科 ····· **158**

255.五叶老鹳草 ····· 158

256.萝卜根老鹳草 ····· 159

257.甘青老鹳草 ····· 159

258.鼠掌老鹳草 ····· 160

芸香科 ····· **160**

259.臭节草 ····· 160

远志科 ····· **161**

260.长毛籽远志 ····· 161

大戟科 ····· **162**

261.湖北大戟 ····· 162

262.钩腺大戟 ····· 162

263.雀儿舌头 ····· 163

264.缘缐雀舌木 ····· 163

265.野桐 ····· 164

266.粗糠柴 ····· 164

267.山乌桕 ····· 164

商陆科 ····· **165**

268.多雄蕊商陆 ····· 165

凤仙花科 ····· **166**

269.太子凤仙花 ····· 166

270.川西凤仙花 ····· 166

271.白汉洛凤仙花 ····· 167

272.睫毛萼凤仙花 ····· 167

273.短柄凤仙花 ····· 168

274.鸭跖草状凤仙花 ····· 169

275.齿萼凤仙花 ····· 170

276.散生凤仙花 ····· 170

277.华丽凤仙花 ····· 171

278.细柄凤仙花 ····· 171

279.齿苞凤仙花 ····· 172

280.小穗凤仙花 ····· 172

281.山地凤仙花 ····· 173

282.峨眉凤仙花 ····· 174

283.红雉凤仙花 ····· 174

284.紫萼凤仙花 ····· 175

285.宽距凤仙花 ····· 175

286.羞怯凤仙花 ····· 176

287.总状凤仙花 ····· 177

288.菱叶凤仙花 ····· 177

289.粗壮凤仙花 ····· 178

290.短喙凤仙花 ····· 179

291.红纹凤仙花 ····· 179

292.窄萼凤仙花 ····· 180

293.野凤仙花 ····· 181

294.天全凤仙花 ····· 181

295.扭萼凤仙花 ····· 182

296.白花凤仙花 ····· 182

297.波缘凤仙花 ····· 183

卫矛科 ····· **184**

298.大芽南蛇藤 ····· 184

299.灰叶南蛇藤 ……… 185

300.短梗南蛇藤 ……… 186

301.短柱南蛇藤 ……… 186

302.长序南蛇藤 ……… 187

303.肉花卫矛 ……… 188

304.角翅卫矛 ……… 188

305.纤细卫矛 ……… 189

306.大花卫矛 ……… 190

307.秀英卫矛 ……… 190

308.栓翅卫矛 ……… 191

省沽油科 ……… **192**

309.膀胱果 ……… 192

清风藤科 ……… **193**

310.阔叶清风藤 ……… 193

鼠李科 ……… **194**

311.黄背勾儿茶 ……… 194

312.多花勾儿茶 ……… 195

313.铁包金 ……… 196

314.薄叶鼠李 ……… 196

猕猴桃科 ……… **197**

315.软枣猕猴桃 ……… 197

316.硬齿猕猴桃 ……… 198

317.美味猕猴桃 ……… 198

318.大花猕猴桃 ……… 199

319.长叶猕猴桃 ……… 199

320.狗枣猕猴桃 ……… 200

321.葛枣猕猴桃 ……… 200

322.四萼猕猴桃 ……… 201

323.显脉猕猴桃 ……… 201

324.藤山柳 ……… 202

325.大叶藤山柳 ……… 202

山茶科 ……… **203**

326.四川大头茶 ……… 203

金丝桃科 ……… **204**

327.扬子小连翘 ……… 204

328.短柱金丝桃 ……… 205

329.地耳草 ……… 205

堇菜科 ……… **206**

330.戟叶堇菜 ……… 206

331.鳞茎堇菜 ……… 206

332.深圆齿堇菜 ……… 207

333.灰叶堇菜 ……… 207

334.七星莲 ……… 208

335.长梗紫花堇菜 ……… 208

336.阔萼堇菜 ……… 209

337.紫叶堇菜 ……… 209

338.茜堇菜 ……… 210

339.浅圆齿堇菜 ……… 210

340.深山堇菜 ……… 211

341.四川堇菜 ……… 211

342.纤茎堇菜 ……… 212

343.滇西堇菜 ……… 213

344.云南堇菜 ……… 213

秋海棠科 ……… **214**

345.戟叶秋海棠 ……… 214

346.掌裂叶秋海棠 ……… 215

目录

347.一点血 …… 215

旌节花科 …… 216

348.柳叶旌节花 …… 216

349.云南旌节花 …… 216

瑞香科 …… 217

350.尖瓣瑞香 …… 217

351.川西瑞香 …… 218

352.毛瑞香 …… 218

353.白瑞香 …… 219

354.一把香 …… 219

珙桐科 …… 220

355.珙桐 …… 220

356.光叶珙桐 …… 221

胡颓子科 …… 222

357.窄叶木半夏 …… 222

358.披针叶胡颓子 …… 222

359.银果牛奶子 …… 223

360.星毛胡颓子 …… 224

使君子科 …… 225

361.使君子 …… 225

野牡丹科 …… 226

362.叶底红 …… 226

363.异药花 …… 227

364.地稔 …… 227

365.偏瓣花 …… 228

366.星毛金锦香 …… 228

柳叶菜科 …… 229

367.高原露珠草 …… 229

368.露珠草 …… 230

369.毛脉柳叶菜 …… 230

370.锐齿柳叶菜 …… 231

371.沼生柳叶菜 …… 232

372.中华柳叶菜 …… 232

373.喜马拉雅柳兰 …… 233

五加科 …… 234

374.刚毛五加 …… 234

375.白簕 …… 235

376.盘叶掌叶树 …… 236

伞形科 …… 237

377.马蹄芹 …… 237

378.红马蹄草 …… 238

379.薄片变豆菜 …… 238

山茱萸科 …… 239

380.峨眉桃叶珊瑚 …… 239

381.川鄂山茱萸 …… 240

382.头状四照花 …… 240

383.峨眉四照花 …… 241

384.多脉四照花 …… 241

385.中华青荚叶 …… 242

386.西域青荚叶 …… 242

387.峨眉青荚叶 …… 243

杜鹃花科 …… 244

388.岩须 …… 244

389.四川白珠 …… 245

390.红粉白珠 …… 246

391.珍珠花 …… 246

392.水晶兰 …………………………… 247

393.问客杜鹃 ………………………… 247

394.银叶杜鹃 ………………………… 248

395.峨眉银叶杜鹃 …………………… 248

396.汶川星毛杜鹃 …………………… 249

397.毛肋杜鹃 ………………………… 249

398.锈红杜鹃 ………………………… 250

399.美容杜鹃 ………………………… 251

400.尖叶美容杜鹃 …………………… 252

401.毛喉杜鹃 ………………………… 252

402.粗脉杜鹃 ………………………… 253

403.秀雅杜鹃 ………………………… 254

404.腺果杜鹃 ………………………… 254

405.大白杜鹃 ………………………… 255

406.马缨杜鹃 ………………………… 255

407.树生杜鹃 ………………………… 256

408.喇叭杜鹃 ………………………… 257

409.金顶杜鹃 ………………………… 257

410.云锦杜鹃 ………………………… 258

411.疏叶杜鹃 ………………………… 258

412.岷江杜鹃 ………………………… 259

413.不凡杜鹃 ………………………… 259

414.乳黄杜鹃 ………………………… 260

415.长鳞杜鹃 ………………………… 261

416.黄花杜鹃 ………………………… 261

417.麻花杜鹃 ………………………… 262

418.黄山杜鹃 ………………………… 263

419.亮毛杜鹃 ………………………… 263

420.宝兴杜鹃 ………………………… 264

421.光亮杜鹃 ………………………… 264

422.光亮峨眉杜鹃 …………………… 265

423.峨马杜鹃 ………………………… 266

424.团叶杜鹃 ………………………… 266

425.山光杜鹃 ………………………… 267

426.云上杜鹃 ………………………… 267

427.绒毛杜鹃 ………………………… 268

428.海绵杜鹃 ………………………… 268

429.多鳞杜鹃 ………………………… 269

430.腋花杜鹃 ………………………… 270

431.大钟杜鹃 ………………………… 270

432.红棕杜鹃 ………………………… 271

433.水仙杜鹃 ………………………… 271

434.绿点杜鹃 ………………………… 272

435.红花杜鹃 ………………………… 272

436.芒刺杜鹃 ………………………… 273

437.紫斑杜鹃 ………………………… 274

438.长毛杜鹃 ………………………… 274

439.亮叶杜鹃 ………………………… 275

440.圆叶杜鹃 ………………………… 275

441.皱皮杜鹃 ………………………… 276

442.康南杜鹃 ………………………… 276

443.云南杜鹃 ………………………… 277

444.雷波杜鹃 ………………………… 278

445.鹿角杜鹃 ………………………… 278

446.陇蜀杜鹃 ………………………… 279

紫金牛科 …………………………… 280

目

录

447.月月红 ·············· 280

报春花科 ·············· **281**

448.莲叶点地梅 ·············· 281

449.延叶珍珠菜 ·············· 282

450.宝兴过路黄 ·············· 282

451.尖瓣过路黄 ·············· 283

452.叶苞过路黄 ·············· 283

453.糙毛报春 ·············· 284

454.大叶宝兴报春 ·············· 285

455.球花报春 ·············· 285

456.二郎山报春 ·············· 286

457.城口报春 ·············· 286

458.宝兴掌叶报春 ·············· 287

459.等梗报春 ·············· 287

460.宝兴报春 ·············· 288

461.鄂报春 ·············· 288

462.齿萼报春 ·············· 289

463.迎阳报春 ·············· 289

464.卵叶报春 ·············· 290

465.粉背灯台报春 ·············· 290

466.偏花报春 ·············· 291

467.樱草 ·············· 292

468.铁梗报春 ·············· 292

469.苣叶报春 ·············· 293

470.峨眉苣叶报春 ·············· 293

471.川西遂瓣报春 ·············· 294

472.三齿卵叶报春 ·············· 295

473.云南报春 ·············· 295

百花丹科 ·············· **296**

474.蓝雪花 ·············· 296

山矾科 ·············· **297**

475.薄叶山矾 ·············· 297

476.光叶山矾 ·············· 298

477.光亮山矾 ·············· 299

安息香科 ·············· **300**

478.木瓜红 ·············· 300

479.垂珠花 ·············· 301

480.粉花安息香 ·············· 301

木樨科 ·············· **302**

481.清香藤 ·············· 302

482.紫药女贞 ·············· 302

483.短丝木樨 ·············· 303

484.西蜀丁香 ·············· 303

485.垂丝丁香 ·············· 304

486.四川丁香 ·············· 304

马钱科 ·············· **305**

487.巴东醉鱼草 ·············· 305

488.金沙江醉鱼草 ·············· 305

龙胆科 ·············· **306**

489.喉毛花 ·············· 306

490.披针叶蔓龙胆 ·············· 306

491.鳞叶龙胆 ·············· 307

492.西南獐牙菜 ·············· 307

493.鄂西獐牙菜 ·············· 308

494.峨眉双蝴蝶 ·············· 308

夹竹桃科 ·············· **309**

495.醉魂藤 …………………… 309

萝藦科 …………………………… **309**

496.长叶吊灯花 ………………… 309

497.豹药藤 …………………… 310

498.青蛇藤 …………………… 310

499.苦绳 …………………… 311

紫草科 …………………………… **312**

500.大果琉璃草 ………………… 312

501.小花琉璃草 ………………… 312

502.微孔草 …………………… 313

503.盾果草 …………………… 313

504.峨眉附地菜 ………………… 313

唇形科 …………………………… **314**

505.金疮小草 …………………… 314

506.三花莸 …………………… 314

507.细风轮菜 …………………… 315

508.长梗风轮菜 ………………… 316

509.海州香薷 …………………… 316

510.鼬瓣花 …………………… 317

511.宝盖草 …………………… 317

512.野芝麻 …………………… 318

513.肉叶龙头草 ………………… 318

514.华西龙头草 ………………… 319

515.龙头草 …………………… 319

516.荨麻叶龙头草 ……………… 320

517.蜜蜂花 …………………… 320

518.宝兴冠唇花 ………………… 321

519.小鱼仙草 …………………… 321

520.大花糙苏 …………………… 322

521.美观糙苏 …………………… 322

522.具梗糙苏 …………………… 323

523.糙苏 …………………… 323

524.腺花香茶菜 ………………… 324

525.毛萼香茶菜 ………………… 324

526.拟缺香茶菜 ………………… 325

527.扇脉香茶菜 ………………… 325

528.线纹香茶菜 ………………… 326

529.开萼鼠尾草 ………………… 326

530.贵州鼠尾草 ………………… 327

531.华鼠尾草 …………………… 327

532.犬形鼠尾草 ………………… 328

533.瓦山鼠尾草 ………………… 328

534.峨眉鼠尾草 ………………… 329

535.甘西鼠尾草 ………………… 329

536.黄鼠狼花 …………………… 330

537.直萼黄芩 …………………… 330

538.四裂花黄芩 ………………… 331

539.红茎黄芩 …………………… 331

540.西南水苏 …………………… 332

541.狭齿水苏 …………………… 332

茄科 …………………………… **333**

542.黄果茄 …………………… 333

玄参科 …………………………… **333**

543.匍茎通泉草 ………………… 333

544.勾酸浆 …………………… 334

545.宽叶沟酸浆 ………………… 334

目

录

546.康泊东叶马先蒿 ·············· 335

547.扭盔马先蒿 ·············· 336

548.条纹马先蒿 ·············· 337

549.膜叶马先蒿 ·············· 337

550.法且利亚叶马先蒿 ·············· 338

551.大王马先蒿 ·············· 338

552.草甸马先蒿 ·············· 339

553.光叶蝴蝶草 ·············· 339

554.华中婆婆纳 ·············· 340

555.多枝婆婆纳 ·············· 340

556.疏花婆婆纳 ·············· 341

557.阿拉伯婆婆纳 ·············· 341

558.小婆婆纳 ·············· 342

559.川西婆婆纳 ·············· 343

560.四川婆婆纳 ·············· 343

苦苣苔科 ········· **344**

561.黄花直瓣苣苔 ·············· 344

562.四川石蝴蝶 ·············· 344

爵床科 ········· **345**

563.叉花草 ·············· 345

564.球花马蓝 ·············· 346

565.四子马蓝 ·············· 346

列当科 ········· **347**

566.宝兴鹿寄生 ·············· 347

狸藻科 ········· **348**

567.高山捕虫堇 ·············· 348

紫葳科 ········· **349**

568.藏波罗花 ·············· 349

茜草科 ·············· **350**

569.天全野丁香 ·············· 350

570.瓦山野丁香 ·············· 350

571.川滇野丁香 ·············· 351

572.楠藤 ·············· 351

573.黐花 ·············· 352

574.玉叶金花 ·············· 352

575.薄叶新耳草 ·············· 352

576.中华蛇根草 ·············· 353

577.日本蛇根草 ·············· 353

578.臭鸡矢藤 ·············· 354

579.大叶茜草 ·············· 355

580.白马骨 ·············· 355

忍冬科 ········· **356**

581.二翅六道木 ·············· 356

582.伞花六道木 ·············· 356

583.淡红忍冬 ·············· 357

584.长距忍冬 ·············· 357

585.金花忍冬 ·············· 358

586.华南忍冬 ·············· 358

587.绣毛忍冬 ·············· 359

588.苦糖果 ·············· 359

589.刚毛忍冬 ·············· 360

590.菰腺忍冬 ·············· 360

591.红白忍冬 ·············· 361

592.女贞叶忍冬 ·············· 361

593.亮叶忍冬 ·············· 362

594.柳叶忍冬 ·············· 362

595.灰毡毛忍冬 …… 363

596.越桔叶忍冬 …… 363

597.蕊帽忍冬 …… 364

598.岩生忍冬 …… 364

599.袋花忍冬 …… 365

600.齿叶忍冬 …… 365

601.峨眉忍冬 …… 366

602.唐古特忍冬 …… 366

603.盘叶忍冬 …… 367

604.毛花忍冬 …… 367

605.长叶毛花忍冬 …… 368

606.华西忍冬 …… 368

607.川西忍冬 …… 369

608.穿心莛子藨 …… 369

609.莛子藨 …… 370

610.桦叶荚蒾 …… 370

611.短序荚蒾 …… 371

612.樟叶荚蒾 …… 371

613.水红木 …… 372

614.宜昌荚蒾 …… 372

615.红荚蒾 …… 373

616.臭荚蒾 …… 373

617.珍珠荚蒾 …… 374

618.直角荚蒾 …… 374

619.南方荚蒾 …… 375

620.披针叶荚蒾 …… 375

621.绣球荚蒾 …… 376

622.显脉荚蒾 …… 376

623.日本珊瑚树 …… 377

624.蝴蝶荚蒾 …… 377

625.球核荚蒾 …… 378

626.皱叶荚蒾 …… 378

627.茶荚蒾 …… 379

628.合轴荚蒾 …… 379

629.三叶荚蒾 …… 380

630.烟管荚蒾 …… 380

败酱科 …… 381

631.败酱 …… 381

632.瑞香缬草 …… 382

633.柔垂缬草 …… 382

川续断科 …… 383

634.劲直续断 …… 383

635.日本续断 …… 383

636.白花刺参 …… 384

637.大花刺参 …… 384

638.裂叶翼首花 …… 385

639.双参 …… 385

葫芦科 …… 386

640.峨眉雪胆 …… 386

641.巨花雪胆 …… 387

642.头花赤瓟 …… 387

643.长叶赤瓟 …… 388

644.南赤瓟 …… 388

645.王瓜 …… 389

646.长萼栝楼 …… 389

647.红花栝楼 …… 390

目录

桔梗科 ·· **391**

648.川西沙参 ·································· 391

649.丝裂沙参 ·································· 391

650.细萼沙参 ·································· 392

651.杏叶沙参 ·································· 392

652.湖北沙参 ·································· 392

653.泡沙参 ····································· 393

654.中华沙参 ·································· 393

655.聚叶沙参 ·································· 393

656.金钱豹 ····································· 394

657.三角叶党参 ······························ 394

658.蓝钟花 ····································· 395

659.蓝花参 ····································· 395

菊科 ··· **396**

660.马边兔儿风 ······························ 396

661.重冠紫菀 ·································· 396

662.萎软紫菀 ·································· 397

663.乳白香青 ·································· 397

664.珠光香青 ·································· 398

665.尼泊尔香青 ······························ 398

666.柳叶鬼针草 ······························ 399

667.丝毛飞廉 ·································· 399

668.烟管头草 ·································· 400

669.长叶天名精 ······························ 400

670.峨眉蓟 ····································· 400

671.骆骑 ··· 401

672.野茼蒿 ····································· 401

673.条叶垂头菊 ······························ 402

674.大吴风草 ·································· 402

675.秋鼠麴草 ·································· 402

676.美头火绒草 ······························ 403

677.川西火绒草 ······························ 403

678.大黄橐吾 ·································· 404

679.莲叶橐吾 ·································· 404

680.离舌橐吾 ·································· 405

681.圆舌粘冠草 ······························ 405

682.假福王草 ·································· 406

683.蜂斗菜 ····································· 406

684.多裂翅果菊 ······························ 407

685.额河千里光 ······························ 407

686.峨眉千里光 ······························ 408

687.菊状千里光 ······························ 408

688.雨农蒲儿根 ······························ 409

689.耳柄蒲儿根 ······························ 409

690.斑鸠菊 ····································· 409

天南星科 ··· **410**

691.象头花 ····································· 410

692.双耳南星 ·································· 411

693.花南星 ····································· 411

鸭跖草科 ··· **412**

694.杜若 ··· 412

695.竹叶子 ····································· 412

百合科 ·· **413**

696.高山粉条儿菜 ··························· 413

697.粉条儿菜 ·································· 414

698.蓝花韭 ····································· 414

699.宽叶韭 …………………… 415

700.大花韭 …………………… 415

701.卵叶韭 …………………… 416

702.太白韭 …………………… 416

703.多星韭 …………………… 417

704.大百合 …………………… 417

705.七筋姑 …………………… 418

706.散斑竹根七 ……………… 418

707.深裂竹根七 ……………… 419

708.大花万寿竹 ……………… 419

709.宝铎草 …………………… 420

710.粗茎贝母 ………………… 420

711.米贝母 …………………… 421

712.华西贝母 ………………… 421

713.尖被百合 ………………… 422

714.宝兴百合 ………………… 423

715.岷江百合 ………………… 424

716.大理百合 ………………… 424

717.甘肃山麦冬 ……………… 425

718.假百合 …………………… 425

719.长茎沿阶草 ……………… 426

720.卷叶黄精 ………………… 426

721.点花黄精 ………………… 427

722.轮叶黄精 ………………… 427

723.湖北黄精 ………………… 428

724.吉祥草 …………………… 428

725.高大鹿药 ………………… 429

726.管花鹿药 ………………… 429

727.四川鹿药 ………………… 430

728.窄瓣鹿药 ………………… 430

729.西南菝葜 ………………… 431

730.托柄菝葜 ………………… 431

731.长托菝葜 ………………… 432

732.黑果菝葜 ………………… 432

733.折枝菝葜 ………………… 433

734.短梗菝葜 ………………… 433

735.鞘柄菝葜 ………………… 434

736.扭柄花 …………………… 434

737.黄花油点草 ……………… 435

738.齿瓣开口箭 ……………… 435

739.尾萼开口箭 ……………… 436

740.毛叶藜芦 ………………… 436

石蒜科 …………………… **437**

741.大叶仙茅 ………………… 437

742.疏花仙茅 ………………… 438

743.仙茅 ……………………… 438

鸢尾科 …………………… **439**

744.金脉鸢尾 ………………… 439

姜　科 …………………… **440**

745.舞花姜 …………………… 440

746.艳山姜 …………………… 440

兰　科 …………………… **441**

747.小白及 …………………… 441

748.肾唇虾脊兰 ……………… 442

749.剑叶虾脊兰 ……………… 442

750.叉唇虾脊兰 ……………… 443

目

录

751.戟形虾脊兰 ………………… 443

752.三棱虾脊兰 ………………… 444

753.峨边虾脊兰 ………………… 445

754.银兰 ………………………… 445

755.大叶杓兰 …………………… 446

756.绿花杓兰 …………………… 447

757.西藏杓兰 …………………… 447

758.火烧兰 ……………………… 448

759.大叶火烧兰 ………………… 448

760.角距手参 …………………… 449

761.手参 ………………………… 449

762.短距手参 …………………… 450

763.峨眉手参 …………………… 451

764.长距玉凤花 ………………… 451

765.厚瓣玉凤花 ………………… 452

766.裂瓣角盘兰 ………………… 453

767.广布红门兰 ………………… 453

768.山兰 ………………………… 454

769.二叶舌唇兰 ………………… 454

770.舌唇兰 ……………………… 455

771.尾瓣舌唇兰 ………………… 455

772.白花独蒜兰 ………………… 456

773.四川独蒜兰 ………………… 456

中文名索引 …………………………… 457

拉丁学名索引 ………………………… 470

绪 论

一、瓦屋山自然地理概况

1. 地理位置

瓦屋山地处四川盆地西缘，邛崃山支脉大相岭东南麓，居于四川盆地向青藏高原的过渡地带，整个山体呈南北长、东西窄的特点，地理位置在东经 $102°50'\sim103°11'$，北纬 $29°25'\sim29°43'$。瓦屋山地域范围大多位于四川省眉山市洪雅县境内，东邻峨眉山市，西接雅安市荥经县和雨城区，南抵雅安市汉源县和乐山市金口河区，最高峰小凉水井海拔 3 522 m，为眉山市及洪雅县的最高峰。

原国家林业部于 1993 年 5 月批准在洪雅林场基础上建立瓦屋山国家森林公园，目前已归为大熊猫国家森林公园统一管理，构成大熊猫国家森林公园四大片区之一邛崃山——大相岭片区的重要组成部分。本书所提及的瓦屋山系指广义的瓦屋山地区，分属瓦屋山国家森林公园、洪雅县瓦屋山镇、洪雅县国有林场。

通常所称的瓦屋山是指已作为旅游开发的瓦屋山景区，其居于瓦屋山国家森林公园的核心地带，地形为东西两侧略倾的屋脊状，从任何角度望去，整体上都状若瓦屋，因此得名"瓦屋山"，为世界著名的三大桌山之一。瓦屋山景区的山顶平台约 11 km²，南北长 3 375 m，东西宽 3 475 m，最高海拔 2 830 m。

瓦屋山在隋唐时期就以"雄、奇、险、秀、幽、珍"而闻名于世。贡嘎山、瓦屋山、峨眉山三点一线，在瓦屋山顶可东看峨眉、西看贡嘎。苏东坡的诗句" 瓦屋寒堆春后雪，峨眉翠扫雨余天"生动地赞美了瓦屋山的自然风光。

2. 地形地貌

瓦屋山处于青藏高原向四川盆地过渡地带，是我国西部高原山地与四川盆地两大地形阶梯的转折处，其地质发育历史悠久，构造复杂，新构造运动强烈，形成了独特的地形地貌。瓦屋山海拔高差悬殊，沟谷纵横，自然地理景观独具特色，境内地质构造由南北向、东北向和西北向 3 组构成。

南北向构造有瓦屋山向斜、大田坝向斜和炳灵向斜。东北向构造有杆子坪向斜、核桃坪背斜、冷桶山向斜和余家坪向斜。西北向构造自东向西分别有毛沟斜冲断层、青龙断裂、保新厂—风仪断裂等。

瓦屋山景区位于向斜构造轴部。北、东、南三面受相邻背斜构造影响，岩层在张力作用下多裂隙发育，东西两翼各有一北西向断裂穿切，断裂带上岩石破碎，重力崩塌、滑坡、泥石流等块体运动十分发育，使之更易受流水侵蚀，山顶四周悬崖峭壁，从而形成了巨型桌山的地形地貌。四周崖壁上流泉淙淙，瀑布飞泻，山顶低洼处常积水成湖，形成鸳鸯池等高山湖泊。

3. 气候特征

瓦屋山位于我国中亚热带湿润性季风区域，属山地气候类型。其气候除受辐射、大气环流因子制约外，地形地势起着重要作用。独特的地形特点滋育了特殊的气候类型，其东、西、北面为华西雨屏带的重要一段，气候的基本特征为常年温暖湿润，多云多雨，辐射量少，蒸发量低。因气象要素及其组合受垂直效应和盆地效应的影响，气候的垂直变化比较明显，大致可分为4个气候带。

（1）亚热带气候。海拔 1 000 ～ 1 500 m，气候温和湿润，雨水多，云雾多，日照短，年均气温为 10 ～ 14 ℃，年均降水量为 2 397 mm 左右。

（2）暖温带气候。海拔 1 500 ～ 2 200 m，气候湿润无夏，春秋季相连，冬季长达半年，年均气温 8 ～ 10 ℃。年均降水量 2 250 mm 左右。

（3）中温带气候。海拔 2 200 ～ 2 800 m，气候寒冷潮湿，春秋季相连，冬长无夏，年均温 4.3 ～ 8 ℃。年均降水量在 2 000 mm 左右。

（4）亚寒温带气候。海拔 2 800 ～ 3 520 m，气候寒冷，冬季长达 10 个月以上。年均温 2 ～ 4 ℃。年均降水量在 2 000 mm 以下。

4. 水文

瓦屋山北、东、南坡的溪沟、河流构成了岷江流域青衣江二级支流周公河（炳灵河）水系，炳灵河以上称为白沙河。周公河集双洞溪、代国槽、凉风岗、燕子岩等30多条支沟之水，这些溪流具有流程短、比降大、瀑布多的共同特点，溪流的源头多在瓦屋山保存完好的原始森林内，水源丰富。周公河在雅安市雨城区注入青衣江，年均流量为 35.3 m³/s，最高流量可达 2 130 m³/s，平均径流量为 11.05 亿 m³。瓦屋山西坡的溪流则由东向西而下，汇集构成了青衣江二级支流荥经河水系。

5. 土壤

瓦屋山的地理位置居于四川盆地向青藏高原的过渡地带，其土壤类型具有明显的过渡特征。成土母岩主要由板岩、灰岩、沙页岩、变质岩、白云岩的坡积或风化残积物组成，据《四川森林土壤》区划，属于盆地西缘山地土壤区。区内土壤垂直带状分异现象十分明显，随着海拔的上升，水分增加，气温下降，由低向高依次发育出相应的山地黄壤、山地棕壤、山地暗棕壤、山地腐殖质灰化土、亚高山草甸土等五大类型。海拔 1 400 m 以下主要为山地黄壤；海拔 1 400～2 200 m 主要为山地黄棕壤；海拔 2 200～2 800 m 主要为山地棕壤；海拔 2 800～3 269 m 主要为山地暗棕壤；海拔 3 100～3 520 m 零星分布有山地灰化土；草甸土主要由多年枯枝落叶淤积加之区域性亚高山寒温带气候的影响发育而成。

二、瓦屋山的生物资源

瓦屋山的动植物因其"资源丰富、种类繁杂、特有种多"而闻名，其分布兼有"南北交汇、东西过渡"的典型特征。自然地理环境的多样性、第三纪与第四纪冰川活动的影响，形成了瓦屋山物种进化分异与丰富的生物多样性特征。

1.动物资源

瓦屋山有各种脊椎动物 475 种，属国家重点保护的物种有 50 余种。其中，属国家一级保护的兽类有大熊猫、羚牛、林麝、云豹、金猫等；属国家二级保护兽类有猕猴、藏酋猴、小熊猫、毛冠鹿、小灵猫、中华斑羚等。鸟类 309 种，属国家一级保护鸟类有黑鹳、绿尾虹雉、中华秋沙鸭等；属国家二级保护鸟类有红腹角雉、红腹锦鸡、白腹锦鸡等。四川省重点保护动物有赤狐、小麂鹏、灰胸薮鹛、金顶齿突蟾、龙洞山溪鲵等。

瓦屋山的动物中最具代表性的为国宝大熊猫。大熊猫洪雅种群（大相岭 A2 种群）因其栖息地东北侧为四川盆地，西南侧为大相岭，并有国道 318、雅西高速、成昆铁路将其与其他大熊猫栖息地相隔绝，使其不能与其他大熊猫种群进行基因交流，而被誉为"大熊猫的特殊孤独种群"。全国第四次大熊猫调查显示，瓦屋山现有大熊猫 13 只，栖息地面积 31 217 hm^2。其栖息地是大熊猫大相岭种群分布的重要区域，具有不可替代的保护价值。

瓦屋山保护区是大熊猫繁衍生息的重要场所，与喇叭河、蜂桶寨、冶勒等自然保护区共同构成了邛崃——大相岭山系保护区网络，是联系邛崃山系、大相岭山系以及凉山山系大熊猫等珍稀动物野生种群的关键走廊带。如何将这一隔绝打通，恢复与建立联系，对促进各种群间基因交流，扩大野生大熊猫种群数量，具有明显的现实价值和长远意义。

2.植物资源

瓦屋山特殊的地形地貌和温暖湿润的气候，适宜多种植物的生长繁育，植物种类十分丰富。经笔者实地考察并综合文献资料整理统计，仅高等植物即有 3 500 余种，占中国高等植物物种数的 12%，占四川省高等植物物种数的 40%；分属 240 余科，980 余属。

三、植被及分区概况

瓦屋山的植被在四川盆周山区极具代表性，不仅类型齐全，带谱明显，种类繁多，而且保存较为完好。因地势高低悬殊，受地形与气候的影响，瓦屋山的植被呈现出典型的垂直分布带谱，具有中国—喜马拉雅植被区系的特点，并与中国—日本植被区系交汇。

瓦屋山地形复杂，溪流湍急，气候湿润，森林繁茂，为生物的栖息繁衍提供了优越条件。水平地带性与垂直分布规律特征，由下而上形成了常绿阔叶林、落叶阔叶林、针阔混交林、针叶林、灌丛、高山草甸等山地垂直植被类型。在瓦屋山植被群落中，森林群落占据了主体位置，森林覆盖率达到了96%。丰富的植被类型，为许多动植物提供了优良的生活条件。

瓦屋山自然植被垂直带谱由5个明显的植被带构成。低山区由于人类活动的影响，低海拔植被尤其是基带的原始面貌已不复存在，但仍然可以通过残存或小片状分布的原生性植被类型窥见植物垂直带的整体状况。

1. 低、中山区亚热带常绿阔叶林及灌木林带

该区域主要分布在海拔 1 000～1 500 m 地带，气候温和、雨量充沛，年均温 10～14 ℃，最冷月均温 1.6～4 ℃，最热月均温 20～22.8 ℃，年均降水量为 2 397 mm，湿度可高达90%。土壤类型为山地黄壤，土层疏松、湿润，腐殖质丰富。乔木层与灌木层生长茂盛。沿湖地带多有农耕植被。

该区域植被以木兰科、壳斗科、樟科、山茶科等亚热带常绿乔木植物为主。林相稳定，群落外貌具有四季常绿特征。其中，具有观赏价值的代表树种有木兰科的含笑属（Michelia）、木莲属（Manglietia）、木兰属（Magnolia），壳斗科的锥属（Castanopsis）、柯属（Lithocarpus），樟科的山胡椒属（Lindera）、木姜子属（Litsea）、楠属（Phoebe），山茶科的木荷属（Schima）。灌木层包括小檗科小檗属（Berberis）、忍冬科荚蒾属（Viburnum）、山茶科山茶属（Camellia）、杜鹃花科杜鹃花属（Rhododendron）、旌节花科旌节花属（Stachyurus）等，以及禾本科植物慈竹（Bambusa emeiensis）为代表的亚热带竹类植物等优势种。该区域林、灌、草群落结构层次分明，林中木质藤本植物丰富，如毛茛科铁线莲属（Clematis）、木通科木通属（Akebia）等。林下分布有大量的蕨类植物如桫椤、金毛狗、顶芽狗脊等。林下及灌木丛中堇菜、绞股蓝、蕺菜、细辛、淫羊藿、天南星、沿阶草、白及等草本植物丰富。

2. 中山区温带常绿阔叶林及落叶阔叶林带

该区域主要分布在海拔 1 500～2 000 m 地带，气候湿润，日照短，昼夜温差大，年均温 8 ℃左右，最冷月均温 −1.9～1.6 ℃，最热月均温 16.2～20.1 ℃。年平均降水量 2 250 mm 左右。土壤为山地棕色森林土，土层厚而肥沃。林带因含落叶成分的多少，外貌有不同季节

的显著变化。

乔木以胡桃科、桦木科、山茱萸科、蔷薇科、蓝果树科等常绿与落叶阔叶植物为主。代表树种有蓝果树科（原珙桐科）珙桐（*Davidia involucrata*）、山茱萸科灯台树（*Cornus controversa*）、昆栏树科（原水青树科）水青树（*Tetracentron sinense*）、壳斗科曼青冈（*Quercus oxyodon Miq.*）、山矾科山矾（*Symplocos sumuntia*）等。落叶阔叶树种有桦木科桦木属（*Betula*），蔷薇科稠李属（*Padus*）、花楸属（*Sorbus*），胡桃科枫杨属（*Pterocarya*）等。灌木层观赏野生花卉植物丰富，蔷薇科蔷薇属（*Rosa*）、小檗科十大功劳属（*Mahonia*）多见；藤本植物有猕猴桃科猕猴桃属（*Actinidia*）、木兰科五味子属（*Schisandra*）、卫矛科南蛇藤属（*Celastrus*）。林中蕨类植物丰富，如耳蕨、鳞毛蕨、铁角蕨、金粉蕨等。草本植物以毛茛科、菊科、伞形科、百合科植物种类较为丰富，常见有唐松草、黄连、千里光、重楼、黄精、淫羊藿、路边青、峨参、虎耳草、竹节参等。

3. 山地中温带针阔叶混交林带

该区域主要分布在海拔 2 000 ～ 2 500 m 中山地带，气候寒冷潮湿，春秋季相连，长年无夏，冬季漫长，无霜期短。年均温 4.3 ～ 8 ℃，最冷月均温 −4.8 ～ 1.9 ℃，最热月均温 13 ～ 16.3 ℃。年降水量少于 2 300 mm。土壤为山地棕色森林土，土层厚而肥沃。

该区域常绿阔叶林与落叶阔叶林呈现交错分布的现象，季相变化显著。植被在春夏两季呈绿色，秋冬季则为黄色、红色。阔叶乔木类主要包括槭树科槭属（*Acer*）、壳斗科水青冈属（*Fagus*）、桦木科桦木属（*Betula*）、胡桃科枫杨属（*Pterocarya*）等代表性树种。槭属植物种类丰富，秋季树叶渐变为黄色、橙色、红色，成为瓦屋山观景的主要树种。针叶树以松科植物为主，冷杉属（*Abies*）、铁杉属（*Tsuga*）、云杉属（Picea）植物分布广泛，其树叶常绿，树形呈宝塔状。珙桐在该区域分布广、数量多。灌木层以杜鹃花灌丛、落叶类荚蒾、冷箭竹林为主。草本植物以报春花科、玄参科、百合科、兰科植物多见。常见的有各种报春、各种百合、延龄草、重楼、天南星等。

4. 亚高山寒温带暗针叶林带

该区域主要分布在海拔 2 500 ～ 3 000 m 地带，为亚高山常绿暗针叶林带。植被外貌多呈尖塔形，色彩暗绿，群落结构简单。该区域气候寒冷，冬季长达 8 个月以上。气候多变，湿度大。年均温 2 ～ 4 ℃，最冷月均温 −4 ℃以下，最热月均温 15 ℃以下。年降水量在 2 000 mm 左右。年均湿度为 80% 左右。土壤以山地棕色暗针叶林土壤为主。

该区域植被以松科植物为主。建群种为冷杉属、云杉属、铁杉属树种，少见其他针叶树成分。林中的落叶阔叶树种种类少。灌木层以杜鹃花灌丛、冷箭竹占绝对优势。草本层发育较差。林下可见唐松草、铁线莲、马先蒿、蟹甲草、鹿药、香青、东方草莓等。

5. 亚高山寒温带灌丛、草甸带

该区域主要分布于林线以上，海拔 3 000 ～ 3 522 m 地带。植被以灌丛、草甸为主。该区域气候寒冷，冬季长达 10 个月以上。年均温 1 ～ 3 ℃，最冷月均温 － 7 ℃以下，最热月均温 10 ℃以下。年降水量在 2 000 mm 以下。年均湿度为 88% 左右。土壤以山地暗棕壤为主。

该区域木本植物乔木类不发达，分布有少量散生松科、壳斗科、桦木科、杨柳科矮小植株，主要由杜鹃群丛或冷箭竹群丛组成。草甸上多由成片生长的菊科、大戟科、唇形科、毛茛科、石竹科、罂粟科、报春花科、禾本科、百合科、兰科等多年生草本植物组成。该区域野生花卉种类丰富、观赏价值高，但由于交通不便，难以进入，有些种类还有待于进一步认识。

四、植物生物多样性特征

1. 植物区系复杂，种类丰富

瓦屋山地处四川盆地向青藏高原的过渡地带，其特殊的地形地貌和温暖湿润的气候，适宜多种植物的分化，植物种类十分丰富。瓦屋山的植被以中国—喜马拉雅森林植物区系为主，但中国—日本森林植物区系植物种类也很丰富，两大区系相交，表现出植物区系的过渡性。瓦屋山自然植被垂直带谱由 5 个明显的植被带构成。中高山区的植被多呈原始状态，低山区由于人类活动的影响，低海拔植被尤其是基带的原始面貌已不复存在，但仍然可以通过残存或小片状分布的原生性植被类型窥见植物的垂直带的整体状况。

由于瓦屋山具有沟通四川盆地向青藏高原、大凉山区过渡的"走廊"与"桥梁"作用，因此无论从气候与生物种类上，都具有强烈的过渡与混合色彩。

亚热带植物从青衣江支流上溯，分布在河谷、溪流与海拔较低的山坡，而青藏高原区系的植物又沿山脊而上，分布在海拔较高的台地及山体上部。从而造就了在瓦屋山这样一个不大的特定区域内，聚集了植物区系复杂、种类繁多的代表性植物，并在四川省的植物分布中占有重要地位。

瓦屋山所分布的一些重要植物大科，如木兰科、毛茛科、杜鹃花科、蔷薇科、百合科、兰科等所属植物不仅种类多，而且观赏价值特别高，对瓦屋山成为珍稀野生花卉的观赏胜地起到了极为重要的作用。

2. 种子植物原始类群丰富，特有种属繁多

在第四纪冰期过程中，瓦屋山地区未曾发生大面积冰川覆盖，加上亚热带优越的气候条件，从而为古老植物的生存提供了天然的避难所。受新构造运动的影响，地势抬升速度快、垂直变化大、沟壑纵横、山高谷深，造成了植物类群的大量分化，许多中间类型的植物得以保存，形态上原始类型丰富，所以瓦屋山至今仍保存了很多古老和原始的物种，这也是瓦屋山植物区系的一大特点。

在这些古老品系中，蕨类植物有古生代的松叶蕨、侏罗纪的桫椤等；裸子植物中有银杏、穗花

杉、红豆杉等；被子植物有孑遗植物珙桐、水青树、连香树，及木兰科木兰属、含笑属，毛茛科芍药属、毛茛属等多心皮植物。

瓦屋山为重要的生物基因库，被子植物特有种、属特别丰富。中国种子植物共有 243 个特有属，据统计瓦屋山有我国植物特有属 26 属、29 种，约占全国特有属的 11%。

古老的单种科有银杏科的银杏（*Ginkgo biloba*）、连香树科的连香树（*Cercidiphyllum japonicum*）、水青树科的水青树（*Tetracentron sinense*）、珙桐科的珙桐（*Davidia involucrata*）、杜仲科的杜仲（*Eucommia ulmoides*）。单种属的有星叶草科独叶草属的独叶草（*Kingdonia uniflora*）、木通科串果藤属的串果藤（*Sinofranchetia chinensis*）、五加科刺楸属的刺楸（*Kalopanax septemlobus*）等。

3. 国家重点保护植物独具特色

国家重点保护与珍稀濒危野生植物是大自然赋予人类的宝贵遗产，具有重要的社会、经济、文化价值。近年来，重点野生植物的保护工作已得到了中央到地方各级人民政府的高度重视，并且制定了一系列的相关法律法规。瓦屋山作为大熊猫国家森林公园的组成部分，其野生动植物保护取得了很大的成效。

1996 年 9 月 30 日，我国第一部保护野生植物的行政法规——《中华人民共和国野生植物保护条例》由国务院正式发布；1999 年经国务院批准，由国家林业局和农业部发布了《国家重点保护野生植物名录》（第一批），按其濒危稀有程度划分为国家 I 级、II 级保护植物。四川省于 2016 年 2 月制定并公布了《四川省重点保护野生植物名录》。

最新的《国家重点保护野生植物名录》于 2021 年 8 月 7 日经国务院批准，由国家林业和草原局、农业农村部于 2021 年 9 月 7 日公布并施行。其中共列入国家重点保护野生植物 455 种和 40 类，包括国家一级保护野生植物 54 种和 4 类，国家二级保护野生植物 401 种和 36 类。自公告发布之日起，原《国家重点保护野生植物名录》（第一批）废止。

瓦屋山国家重点保护野生植物种类丰富，经统计共有 80 种，其中国家 I 级保护野生植物有 6 种（表 1），国家 II 级保护野生植物有 74 种（表 2）。

表 1 瓦屋山国家重点保护野生植物（I 级）

中文名	拉丁学名	科名	备注
苏铁	*Cycas revoluta* Thunb.	苏铁科	
银杏	*Ginkgo biloba* L.	银杏科	人工栽培
红豆杉	*Taxus chinensis*（Pilger）Rehd.	红豆杉科	
南方红豆杉	*Taxus wallichiana* var. *mairei* Cheng et L. K. Fu	红豆杉科	

续表

中文名	拉丁学名	科名	备注
峨眉拟单性木兰	*Parakmeria omeiensis* Cheng	木兰科	
珙桐	*Davidia involucrata* Baill.	蓝果树科	含光叶珙桐

表2　瓦屋山国家重点保护野生植物（Ⅱ级）

中文名	拉丁学名	科名	备注
蛇足石杉	*Huperzia serrata* (Thunb.) Trev.	石松科	
伏贴石杉	*Huperzia omeiensis* Ching et H.S. Kung	石松科	
峨眉石杉	*Huperzia selago* var. *appressa* Ching	石松科	
金毛狗	*Cibotium barometz* (L.) J. Sm.	金毛狗科	
桫椤	*Alsophila spinulosa* (Wall. ex Hook.) R.M. Tryon	桫椤科	
短叶罗汉松	*Podocarpus macrophyllus* var. *maki* Endl.	罗汉松科	
百日青	*Podocarpus neriifolus* D. Don.	罗汉松科	
篦子三尖杉	*Cephalotaxus oliveri* Mast.	三尖杉科	
穗花杉	*Amentotaxus argotaenia* (Hance) Pilger	红豆杉科	
巴山榧	*Torreya fargesii* Franch.	红豆杉科	
云南红景天	*Rhodiola yunnanensis* (Franch.) S. H. F	景天科	
厚朴	*Magnolia officinalis* Rehd. et Wils.	木兰科	含凹叶厚朴
峨眉含笑	*Michelia wilsonii* Finet et Gagnep.	木兰科	
油樟	*Cinnamomum longepaniculatum* (Gamble) N. Chao	樟科	
润楠	*Machilus pingii* Cheng ex Yang	樟科	
细叶楠	*Phoebe hui* Cheng ex Yang	樟科	
楠木	*Phoebe zhennan* S. Lee et F. N. Wei	樟科	

中文名	拉丁学名	科名	备注
独叶草	*Kingdonia uniflora* Balf. f. et W. W. Sm.	星叶草科	
黄连	*Coptis chinensis* Franch.	毛茛科	人工栽培
三角叶黄连	*Coptis deltoidea* C. Y. Cheng et Hsiao	毛茛科	
峨眉黄连	*Coptis omeiense* C. Y. Cheng et Hsiao	毛茛科	
古蔺黄连	*Coptis Gulingensis* T. Z. Wang	毛茛科	四川省重点保护
川桑	*Morus notabilis* Schneid.	桑科	
狭叶假人参	*Panax pseudo-ginseng* var. *angustifolius* (Burkill) Li	五加科	
羽叶三七	*Panax pseudo-ginseng* var. *bipinnatiffdus* (Seem.) Li	五加科	
大叶三七	*Panax pseudo-ginseng* var. *japonicus* (C. A. Mey.) Hoo et Tseng	五加科	
金荞麦	*Fagopyrum dibotrys* (D. Don) Hara	蓼科	
金铁锁	*Psammosilene tunicoides* W. C. Wu & C. Y. Wu	石竹科	
川黄檗	*Phellodendron chinense* Schneid.	芸香科	川黄柏、黄皮树
红花绿绒蒿	*Meconopsis punicea* Maxim.	罂粟科	
八角莲	*Dysosma versipellis* (Hance) M. Cheng et T. S. Yin	小檗科	
川八角莲	*Dysosma veittchii* (Hemsl.et Wils.) Fu	小檗科	四川八角莲
六角莲	*Dysosma versipellis* (Hance) M. Cheng et T. S. Yin	小檗科	
桃儿七	*Sinopodophyooum emodi* Wall.ex Royle Ying.	小檗科	
水青树	*Tetracentron sinense* Oliv	昆栏树科	原水青树科
连香树	*Cercidiphyllum japonicum* Sieb. Et Zucc.	连香树科	
丽江山荆子	*Malus rockii* Rehd.	蔷薇科	

绪

论

续表

中文名	拉丁学名	科名	备注
玫瑰	*Rosa rugosa* Thunb.	蔷薇科	人工栽培
软枣猕猴桃	*Actinidia arguta* (Sieb. et Zucc) Planch. ex Miq.	猕猴桃科	
中华猕猴桃	*Actinidia chinensis* Planch.	猕猴桃科	
圆叶杜鹃	*Rhododendron williamsianum* Rehd. et Wils.	杜鹃花科	
荞麦叶大百合	*Cardiocrinum cathayanum* (Wilson) Stearn	百合科	
五指莲重楼	*Paris axialis* H. Li	百合科	现藜芦科
巴山重楼	*Paris bashanensis* Wang et Tang	百合科	
凌云重楼	*Paris cronquistii* (Takhtajan) H. Li	百合科	
金线重楼	*Paris delavayi* Franch.	百合科	
球药隔重楼	*Paris fargesii* Franch.	百合科	
具柄重楼	*Paris fargesii* var. *petiolata* (Baker ex C. H. Wright) Wang et Tang	百合科	
多叶重楼	*Paris polyphylla* Sm.	百合科	
华重楼	P*aris polyphylla* var. *chinensis* (Franch.) Hara	百合科	
峨眉重楼	*Paris polyphylla* var. *emeiensis* H. X. Yin	百合科	
长药隔重楼	*Paris polyphylla* var. *pseudothibetica* H. Li	百合科	
狭叶重楼	*Paris polyphylla* var. *stenophylla* Franch.	百合科	
黑籽重楼	*Paris thibetica* Franch.	百合科	
卷瓣重楼	*Paris undulata* H. Li et V. G. Soukup	百合科	
平伐重楼	*Paris vaniotii* L.	百合科	
川贝母	*Fritillaria cirrhosa* D. Don	百合科	
粗茎贝母	*Fritillaria crassicaulis* S. C. Chen	百合科	
米贝母	*Fritillaria davidii* Franch.	百合科	

中文名	拉丁学名	科名	备注
华西贝母	*Fritillaria sichuanica* S. C. Chen	百合科	
白及	*Bletilla striata* (Thunb. ex A. Murray) Rchb. f.	兰科	
大叶杓兰	*Cypripedium fasciolatum* Franch.	兰科	
绿花杓兰	*Cypripedium henryi* Rolfe	兰科	
西藏杓兰	*Cypripedium tibeticum* King ex Rolfe	兰科	
叠鞘石斛	*Dendrobium denneanum* Kerr	兰科	
金钗石斛	*Dendrobium nobile* Lindl.	兰科	
线叶石斛	*Dendrobium chryseum* Z. H. Tsi et S. C. Chen	兰科	
天麻	*Gastrodia elata* L.	兰科	
手参	*Gymnadenia conopsea* (L.) R. Br.	兰科	
西南手参	*Gymnadenia orchidis* Lindl.	兰科	
独蒜兰	*Paleione bulbocodioides* (Franch.) Rolfe	兰科	
白花独蒜兰	*Pleione albiflora* Cribb et C. Z. Tang	兰科	
四川独蒜兰	*Pleione limprichtii* Schltr.	兰科	
杜鹃兰	*Cremastra appendiculata* (D. Don) Makino	兰科	

4. 野生花卉及观赏植物颇具代表性

据笔者 30 余年的实地考察并参考相关文献资料统计，瓦屋山具有观赏价值的野生花卉及观赏植物有 1 000 余种，是观赏花卉植物的种质资源宝库，开发利用前景十分广阔。其中杜鹃花属植物我国约 542 种，瓦屋山分布有 53 种，约占 10%；凤仙花属植物我国约有 220 种，瓦屋山分布有 29 种，约占 13%；忍冬属植物我国有 98 种，瓦屋山分布有 24 种，约占 24%；荚蒾属植物我国有 74 种，瓦屋山分布有 15 种，约占 20%。由此可见，这些物种在全国的占比居于中国的名山大川前列。

瓦屋山野生花卉有各种生活型。乔木类花卉的代表有木兰科木兰属、含笑属、木莲属多种植物，以及各种乔木类杜鹃花等；灌木类花卉如各种灌木类杜鹃花、荚蒾属、蔷薇属、小檗属植物等；草本类花卉有淫羊藿属、报春花属、重楼属植物等；藤本类花卉有忍冬属、铁线莲属、猕猴桃属、五味子属植物等；高山野生花卉有贝母属、杓兰属、绿绒蒿属、马先蒿属植物等。

五、野生观赏花卉代表性类群

瓦屋山"一山有四季，十里不同天"，复杂的地形与多变的气候，孕育了姹紫嫣红、千媚百态的野生花卉。从繁花点点的灌丛，到层林尽染的秋景、茂密葱翠的森林、五彩缤纷的草坡，野生观赏植物无不吸引与打动热爱大自然的人们。

不同的野生花卉展花期具有较强的季节性，瓦屋山四季均有观赏性较高的代表性野生花卉，每到花季，各个种类争奇斗艳、灿若花海。各种野生花卉开花季节从初春至仲夏，从低海拔至高海拔，花期渐次展开。春季，观赏花卉如杜鹃花、报春花、旌节花、木姜子等与春色争艳；夏季，各种蔷薇、唐松草、小檗、乌头、高海拔杜鹃花次第绽放，妆点了山坡与谷地；秋天，各色凤仙花在溪旁、草丛中露出笑脸，此时小檗、花楸等像玛瑙样的果实挂满枝头，槭树、桦木等树木构成了色彩斑斓的黄叶、红叶的海洋，与山涧、瀑布、湖泊交相辉映，融为一体，形成了瓦屋山壮丽的秋景；冬天，以雅连为代表的各种特色黄连，不畏霜雪，傲然绽开，为洁白的世界倾注了一抹亮色，成为瓦屋山独特的冬日景观。

1. 杜鹃花

瓦屋山野生花卉植物中最具有代表性的为种类丰富、花色各异、千姿百态的杜鹃花科杜鹃花属（*Rhododendron*）植物，40万 hm² 的原始杜鹃花林使瓦屋山成为名副其实的"杜鹃花王国"。

杜鹃花科杜鹃花属植物为北温带植物区系的重要类群，全世界共有杜鹃花属植物约900种，我国约有542种，四川有152种。位于西南地区四川、云南、西藏三省（自治区）的横断山和东喜马拉雅地区是杜鹃花属的起源地和分布中心。

杜鹃花属植物是瓦屋山小乔木层和灌木层的优势树种，瓦屋山的杜鹃花种类多、分布广、数量大，每年春分以后次第开放，花期3—7月，一簇簇盛开的杜鹃花，花色有红色、黄色、白色、蔷薇色，五彩缤纷，争奇斗艳，相互辉映，使整个山坡成了姹紫嫣红的海洋。

对瓦屋山杜鹃花属植物的现代意义上的研究是从20世纪初开始的。1906年，英国植物学家威尔逊（E. H. Wilson）在瓦屋山考察中，记录了约10种杜鹃花，并发现了一个新种——尖叶杜鹃（*Rhododendron openshawianum* Rehder et Wilson），该种现已被修订为美容杜鹃的变种——尖叶美容杜鹃 [*Rhododendron calophytum* var. *openshawianum* (Rehder et Wilson) D. F. Chamb.]。中国植物学家对于杜鹃花的研究始于20世纪30年代。我国植物分类学的奠基人胡先骕先生于1931年发现杜鹃花属植物的一个新种——小花杜鹃。四川大学方文培先生于1939年发表了《近时所采之中国杜鹃》一文，综合性地报道了当时已知的中国杜鹃花属植物。1942年，方文培先生所著的《峨眉植物图志》第一卷记载了产于四川峨眉山的20种杜鹃花，其中许多是特有种。

据笔者对瓦屋山的实地考察与文献资料总结，瓦屋山的杜鹃花属植物种类数达53种（种与种下单位）（表3），大大超过已有文献所记载的瓦屋山杜鹃花属植物种数，均以亲自拍摄的彩色图片在本书中呈现，丰富了对瓦屋山杜鹃花资源的认识。

在瓦屋山杜鹃花属植物中，有4种为其模式产地，即尖叶美容杜鹃 [*Rhododendron calophytum* var. *openshawianum* (Rehd. et Will.) Chamb. ex Cullen et Chamb]、不凡杜鹃（*Rhododendron insigne* Hemsl. et Wils.]、峨马杜鹃 [*Rhododendron ochraceum* Rehd. et Wils.]、圆叶杜鹃（*Rhododendron williamsianum* Rehd. et Wils.）。

表3 瓦屋山杜鹃花属植物名录

中文名	拉丁学名
问客杜鹃	*Rhododendron ambiguum* Hemsl.
银叶杜鹃	*Rhododendron argyrophyllum* Franch.
峨眉银叶杜鹃	*Rhododendron argyrophyllum* subsp.omeiense (Rehd. et Wils.) Chamb. ex Cullen et Chamb.
毛肋杜鹃	*Rhododendron augustinii* Hemsl.
汶川星毛杜鹃	*Rhododendron asterochnoum* Diels
锈红杜鹃	*Rhododendron bureavii* Franch.
美容杜鹃	*Rhododendron calophytum* Franch.
尖叶美容杜鹃	*Rhododendron calophytum* var.openshawianum (Rehd. et Will.) Chamb. ex Cullen et Chamb
毛喉杜鹃	*Rhododendron cephalanthum* Franch.
粗脉杜鹃	*Rhododendron coeloneurum* Diels
秀雅杜鹃	*Rhododendon concinnum* Hemsl.
腺果杜鹃	*Rhododendron davidii* Franch.
大白杜鹃	*Rhododendron decorum* Franch.
马缨杜鹃	*Rhododendron delavayi* Franch.
树生杜鹃	*Rhododendron dendrocharis* Franch.
喇叭杜鹃	*Rhododendron discolor* Franch.
金顶杜鹃	*Rhododendron faberi* Hemsl.

绪

论

中文名	拉丁学名
云锦杜鹃	*Rhododendron fortunei* Lindl.
疏叶杜鹃	*Rhododendron hanceanum* Hemsl.
岷江杜鹃	*Rhododendron hunnewellianum* Rehd. et Wils.
不凡杜鹃	*Rhododendron insigne* Hemsl. et Wils.
长鳞杜鹃	*Rhododendron longesquamatum* Schneid.
黄花杜鹃	*Rhododendron lutescens* Franch.
麻花杜鹃	*Rhododendron maculiferum* Franch.
黄山杜鹃	*Rhododendron maculiferum* subsp. *anhweiense* (Wils.) Chamb. ex Cullen et Chamb. 243
亮毛杜鹃	*Rhododendron microphyton* Franch.
羊踯躅	*Rhododendron molle* (Blum) G. Don
宝兴杜鹃	*Rhododendron moupinense* Franch.
光亮杜鹃	*Rhododendron nitidulum* Rehd. et Wils.
峨马杜鹃	*Rhododendron ochraceum* Rehd. et Wils.
团叶杜鹃	*Rhododendron orbiculare* Decne.
山光杜鹃	*Rhododendron oreodoxa* Franch.
云上杜鹃	*Rhododendron pachypodum* Balf. f. et W. W. Smith
绒毛杜鹃	*Rhododendron pachytrichum* Franch.
海绵杜鹃	*Rhododendron pingianum* Fang
多鳞杜鹃	*Rhododendron polylepis* Franch.
腋花杜鹃	*Rhododendron racemosum* Franch.
大钟杜鹃	*Rhododendron ririei* Hemsl.et Wils.
红棕杜鹃	*Rhododendron rubiginosum* Franch.
水仙杜鹃	*Rhododendron sargentianum* Rehd. et Wils.

中文名	拉丁学名
绿点杜鹃	*Rhododendron searsiae* Rehd. et Wils.
杜鹃	*Rhododendron simsii* Planch.
红花杜鹃	*Rhododendron spanotrichum* Balf. f. et W. W. Smith
芒刺杜鹃	*Rhododendron strigillosum* Franch.
紫斑杜鹃	*Rhododendron strigillosum* var. *monosematum* (Hutch.) T. L. Ming
亮叶杜鹃	*Rhododendron vernicosum* Franch.
圆叶杜鹃	*Rhododendron williamsianum* Rehd. et Wils.
皱皮杜鹃	*Rhododendron wiltonii* Hemsl. et Wils.
康南杜鹃	*Rhododendron wongii* Hemsl. et Wils.
云南杜鹃	*Rhododendron yunnanense* Franch.
雷波杜鹃	*Rhododendron leiboense* Z. J. Zhao
鹿角杜鹃	*Rhododendron latoucheae* Franch.
陇蜀杜鹃	*Rhododendron przewalskii* Maxim.

2. 凤仙花

凤仙花为凤仙花科凤仙花属（*Impatien*）一年生草本植物，其代表凤仙花别名指甲花。凤仙花为一类非常美丽而又独特的花卉，因其花朵的头、翅、尾、足俱翘然如凤状，故名凤仙花。

在我国古籍《广群芳谱》中，对凤仙花早有形象描述："桠间开花，头翅尾足具翅，形如凤状，故又有金凤之名。"不同种类凤仙花植物花的大小、颜色、苞片、萼片、旗瓣、翼瓣以及唇瓣的形状均各异。这些形态上的不同，充分反映并显示出它们的多样性。

凤仙花属植物开花季节在夏秋之交，花色有红色、黄色、粉色、白色、蓝色、紫色等。这些鲜艳的颜色给人以青春与活力的感觉，非常吸引人。当人们在瓦屋山的旅途中，从溪旁、草丛中不经意看见凤仙花开放，常会给人带来惊喜。瓦屋山的凤仙花种类繁多，构成了瓦屋山秋景中独特的一面。

瓦屋山共分布有凤仙花属植物 29 种（表 4），有 3 种为其模式产地，即散生凤仙花（*Impatiens distracta* Hook. f.）、扭萼凤仙花（*Impatiens tortisepala* Hook. f.）、小穗凤仙花（*Impatiens microstachys* Hook. f.）。

表4 瓦屋山凤仙花属植物名录

中文名	拉丁学名
太子凤仙花	*Impatiens alpicola* Y. L. Chen et Y. Q. Lu
川西凤仙花	*Impatiens apsotis* Hook. f.
白汉洛凤仙花	*Impatiens bahanensis* Hand.-Mazz.
凤仙花	*Impatiens balsamina* L.
睫毛萼凤仙花	*Impatiens blepharosepala* Pritz. ex Diels
短柄凤仙花	*Impatiens brevipes* Hook. f.
鸭跖草状凤仙花	*Impatiens commellinoides* Hand.-Mazz.
齿萼凤仙花	*Impatiens dicentra* Franch. ex Hook. f.
散生凤仙花	*Impatiens distracta* Hook. f.
细柄凤仙花	*Impatiens leptocaulon* Hook. f.
齿苞凤仙花	*Impatiens martinii* Hook. f
小穗凤仙花	*.Impatiens microstachys* Hook. f.
山地凤仙花	*Impatiens monticola* Hook. f.
峨眉凤仙花	*Impatiens omeiana* Hook. f.
红雉凤仙花	*Impatiens oxyanthera* Hook. f.
紫萼凤仙花	*Impatiens platychlaena* Hook. f.
宽距凤仙花	*Impatiens platyceras* Maxim.
羞怯凤仙花	*Impatiens pudica* Hook. f.
总状凤仙花	*Impatiens racemosa* DC.
菱叶凤仙花	*Impatiens rhombifolia* Y. Q. Lu et Y. L. Chen
粗壮凤仙花	*Impatiens robusta* Hook. f.
短喙凤仙花	*Impatiens rostellata* Franch.
红纹凤仙花	*Impatiens rubro-striata* Hook. f.

中文名	拉丁学名
窄萼凤仙花	*Impatiens stenosepala* Pritz. ex Diels
野凤仙花	*Impatiens textori* Miq.
天全凤仙花	*Impatiens tienchuanensis* Y. L. Chen
扭萼凤仙花	*Impatiens tortisepala* Hook. f.
白花凤仙花	*Impatiens wilsonii* Hook. f.
波缘凤仙花	*Impatiens undulata* Y. L. Chen et Y. Q. Lu

3. 忍冬（金银花类）

忍冬科忍冬属（*Lonicera*）植物为常绿或者落叶灌木（极少种是小乔木或缠绕藤本）。忍冬属植物的花蕾作为金银花药材商品的约有 18 种，藤茎亦可入药。植株"凌冬不凋"，故名忍冬。

忍冬花开时节，花瓣颜色由初始的白色，逐渐转变为黄色，故名金银花。忍冬花香浓郁，花瓣颜色鲜艳。瓦屋山野生忍冬属植物共 24 种（表5），约占我国 98 种同属植物的 24%，多数具有药用与观赏价值。

表5　瓦屋山忍冬属植物名录

中文名	拉丁学名
淡红忍冬	*Lonicera acuminata* Wall.
长距忍冬	*Lonicera calcarata* Hemsl.
金花忍冬	*Lonicera chrysantha* Turcz.
华南忍冬	*Lonicera confusa* (Sweet) DC.
绣毛忍冬	*Lonicera ferruginea* Rehd.
苦糖果	*Lonicera fragrantissima* subsp. *standishi*i (Carr.) Hsu et Wang
刚毛忍冬	*Lonicera hispida* Pall. ex Roem.et Schult.
菰腺忍冬	*Lonicera hypoglauca* Miq.
忍冬	*Lonicera japonic*a Thunb.

中文名	拉丁学名
红白忍冬	*Lonicera japonica* var. *chinensis* (Wats.) Bak.
女贞叶忍冬	*Lonicera ligustrina* Wall.
柳叶忍冬	*Lonicera lanceolata* Wall.
亮叶忍冬	*Lonicera ligustrina* subsp. *yunnanensis* (Franch.) Hsu et Wang
灰毡毛忍冬	*Lonicera macranthoides* Hand.-Mazz.
越桔叶忍冬	*Lonicera myrtillus* Hook. f. et Thoms.
蕊帽忍冬	*Lonicera pileata* Oliv.
岩生忍冬	*Lonicera rupicola* Hook. f. et Thoms.
齿叶忍冬	*Lonicera scabrida* Franch.
峨眉忍冬	*Lonicera similis* var. *omeiensis* Hsu et H. J. Wang
唐古特忍冬	*Lonicera tangutica* Maxim.
盘叶忍冬	*Lonicera tragophylla* Hemsl.
毛花忍冬	*Lonicera trichosantha* Bur. et Franch.
华西忍冬	*Lonicera webbiana* Wall. ex DC.
川西忍冬	*Lonicera webbiana* var. *mupinensis* (Rehd.) Hsu et H. J. Wang

4. 荚蒾

忍冬科荚蒾属（*Viburnum*）植物多为落叶灌木，花型奇特。复伞形聚伞花序，花生于第三至第四级辐射枝上，部分种具大型不孕花，花色洁白或淡粉，观赏价值极高。

琼花是荚蒾属植物的统称，最早见载于《诗经》："俟我于著乎而，充耳以素乎而，尚之以琼华乎而。"南北朝刘孝威有诗云："香缨麝带缝金缕，琼花玉胜缀珠徽。"琼花为我国的千古名花。

瓦屋山共有荚蒾属植物18种（表6），多分布于海拔1 000～2 500 m的林下及灌丛中，其树型优美，植株季相变化明显。春夏之交，花开时节，大型不孕花满树绽开，宛如万千粉蝶，飞翔在绿树丛中。秋季不孕花又转为黄色、红色，仿佛彩蝶绕枝头，分外妖娆，辅以如玛瑙样鲜红色的果实，为美丽的秋天增光添彩，是瓦屋山秋景的一大亮点。

表6　瓦屋山荚蒾属植物名录

中文名	拉丁学名
桦叶荚蒾	*Viburnum betulifolium* Batal.
樟叶荚蒾	*Viburnum cinnamomifolium* Rehd.
水红木	*Viburnum cylindricum* Buch.-Ham. ex D. Don
宜昌荚蒾	*Viburnum erosum* Thunb.
红荚蒾	*Viburnum erubescens* Wall.
臭荚蒾	*Viburnum foetidum* Wall.
珍珠荚蒾	*Viburnum foetidum* var. *ceanothoides* (C. H. Wright) Hand.-Mazz.
直角荚蒾	*Viburnum foetidum* var. *rectangulatum* (Graebn.) Rehd.
南方荚蒾	*Viburnum fordiae* Hance
披针叶荚蒾	*Viburnum lancifolium* Hsu
绣球荚蒾	*Viburnum macrocephalum* Fort.
显脉荚蒾	*Viburnum nervosum* D. Don
日本珊瑚树	*Viburnum odoratissimum* var. *awabuki* (K. Koch) Zabel ex Rumpl
蝴蝶荚蒾	V*iburnum plicatum* var. *tomentosum* (Thunb.) Miq.
球核荚蒾	*Viburnum propinquum* Hemsl.
皱叶荚蒾	*Viburnum rhytidophyllum* Hemsl.
合轴荚蒾	*Viburnum sympodiale* Graebn.
烟管荚蒾	*Viburnum utile* Hemsl.

5.珙桐

珙桐别名鸽子树、水冬瓜、水丝梨、水冬果、木梨子等，是新生代第三纪留下的孑遗植物。瓦屋山现拥有天然珙桐林面积达 2 万 hm^2，原始状态保持完好，因而被誉为 "中国鸽子花的故乡"。

珙桐为国家一级重点保护野生植物。瓦屋山珙桐的赏花期为每年 4 月中旬至 5 月中旬，与瓦屋山杜鹃花的观花季相同，共同构成了瓦屋山独有的优美森林植物景观。珙桐花花色艳丽奇特，盛花之际，位于花序下部像花瓣状的两枚宽大的乳白色苞片，大小和形状极似鸽子的两翼，远远望去好似许多白鸽暂栖树端，展翅欲飞。众多的珙桐花犹如万鸽飞翔，故珙桐又名鸽子树，是我国特产名贵观赏树，现已被引种至欧美各国的园林中，欧美称之为"中国鸽子树"。

1. 四川金粟兰 *Chloranthus sessilifolius* K. F. Wu

　　草本。叶无柄，4 片生于茎顶，呈轮生状。穗状花序自茎顶抽出；花白色。花期 3—4 月，果期 6—7 月。分布于中山区；生于山坡林下阴湿处。

2. 柳叶钝果寄生 *Taxillus delavayi* (Van Tiegh.) Danser.

灌木。叶卵形、长椭圆形或披针形。伞形花序；花红色；花冠长管状，顶部裂片4。花期3—7月，果期5—9月。分布于中、高山区；生于林中，寄生于花楸、樱桃、桃树或柳属、桦属等植物上。

3. 川南马兜铃 *Aristolochia austroszechuanica* Chien et Cheng ex C. Y. Cheng et J. L. Wu

木质藤本。全株密被锈褐色绒毛。叶片心圆形。花深紫色；花被管V形弯曲，檐部盘状，黄色，具紫斑，3浅裂。花期3—4月。分布于中山区；生于山坡林中、灌丛。

4. 宝兴马兜铃 *Aristolochia moupinensis* Franch.

　　木质藤本。叶卵形或卵状心形。花单生或2朵聚生于叶腋；花被管 V 形弯曲；檐部盘状，内面黄色，有紫红色斑点及脉纹，浅 3 裂。花期 5—6 月，果期 8—10 月。分布于中、高山区；生于林中、沟边、灌丛。

5. 尾花细辛 *Asarum caudigerellum* C. Y. Cheng et C. S. Yang

　　草本。叶片心形。花紫褐色；花被下部合生成管，被长柔毛，喉部稍缢缩，裂片三角状卵形，先端成细长尖尾。花期 4—5 月。分布于中山区；生于林下阴湿处或水边岩石上。

6. 川滇细辛 *Asarum delavayi* Franch.

　　草本。叶片长卵形、阔卵形；叶面深绿色或具白色云斑。花大，紫绿色；花被管圆筒状；裂片阔卵形，基部有乳突状皱褶区。花期4—6月。分布于中山区；生于林下阴湿岩坡上。

蓼 科 | **Polygonaceae**

7. 圆穗蓼 *Polygonum macrophyllum* D. Don.

　　草本。总状花序呈短穗状；花淡红色或白色，5深裂；花被片椭圆形；雄蕊比花被长，花药黑紫色。花期7—8月，果期9—10月。分布于中、高山区；生于山坡草地、高山草甸。

8. 珠芽蓼 *Polygonum viviparum* L.

草本。总状花序呈穗状，顶生，下部生珠芽；花白色或淡红色，5深裂；花被片椭圆形。花期5—7月，果期7—9月。分布于中、高山区；生于山坡林下、高山或亚高山草甸。

9. 小大黄 *Rheum pumilum* Maxim.

小草本。叶片卵状椭圆形或卵状长椭圆形。窄圆锥状花序；花被片内为黄白色，边缘为紫红色，椭圆形或宽椭圆形。花期6—7月，果期8—9月。分布于高山区；生于山坡或灌丛下。

10. 异花孩儿参 *Pseudostellaria heterantha* (Maxim.) Pax

　　草本。中部以上的叶片倒卵状披针形。单花顶生或腋生；花瓣 5，白色，长圆状倒披针形。花期 5—6 月，果期 7—8 月。分布于低、中山区；生于山地林下阴湿处。

11. 掌脉蝇子草 *Silene asclepiadea* Franch.

　　草本。植株被柔毛。二歧聚伞花序；花萼钟形；花瓣淡紫色或变白色，上部啮蚀状；副花冠片近方形。花期 7—8 月，果期 8—10 月。分布于中、高山区；生于灌丛草地或林缘。

12. 瓜叶乌头 *Aconitum hemsleyanum* Pritz.

草质藤本。茎缠绕。叶片五角形或卵状五角形。总状花序。花期8—10月。多分布于中山区；生于树林或灌丛中。

13. 岩乌头 *Aconitum racemulosum* Franch.

　　草质藤本。茎高 40 ～ 65 cm。叶片五角形。花序有花 1 ～ 6 朵。花期 8—10 月。多分布于中山区；生于山谷崖石上或林中。

14. 花莛乌头 *Aconitum scaposum* Franch.

　　草本，茎高 35 ～ 67 cm。叶片肾状五角形。总状花序。花期 8—9 月。分布于低、中山区；生于山地谷中或林中阴湿处。

15. 短柱侧金盏花 *Adonis brevistyla* Franch.

　　草本。叶片五角形或三角状卵形，羽状全裂或深裂。花瓣白色。花期4—8月。分布于中、高山区；生于山地草坡、沟边、林边或林中。

16. 短柱银莲花 *Anemone brevistyla* Chang ex W. T. Wang

　　草本。叶片肾形或肾状五角形。萼片5，白色。花期4月。分布于中、高山区；生于山地草甸。

17. 西南银莲花 *Anemone davidii* Franch.

草本。叶片心状五角形。萼片5，白色。花期5—6月。分布于中、高山区；生于山地沟谷林中或沟边较阴处。

18. 打破碗花花 *Anemone hupehensis* Lem.

草本。高可达 120 cm。聚伞花序；萼片5，紫红色或粉红色。瘦果密被绵毛。花期7—10月。分布于低、中山区；生于山地草坡或沟边。

19. **大火草** *Anemone tomentosa* (Maxim.) Pei

　　草本。高可达 150 cm。聚伞花序；萼片 5，淡粉红色或白色；瘦果密被绵毛。花期 7—10 月。分布于中、高山区；生于山地草坡或沟边阳处。

20. **无距耧斗菜** *Aquilegia ecalcarata* Maxim.

　　草本。萼片紫色；花瓣片无距。花果期 5—8 月。分布于中、高山区；生于山地林下或路旁。

21. 星果草 *Asteropyrum peltatum* (Franch.) Drumm. ex Hutch.

　　小草本。叶片圆形或近五角形，不分裂或五浅裂。花果期5—7月。分布于中、高山区；生于山地林下。

22. 裂叶星果草 *Asteropyrum cavaleriei* (Levl. et Vant.) Drumm. ex Hutch.

　　小草本。叶片轮廓五角形，三至五浅裂或近深裂。花果期5—7月。分布于低、中山区；生于山地林下、路旁及水旁的阴处。

23. 铁破锣 *Beesia calthifolia* (Maxim.) Ulbr.

　　草本。叶 2～4；叶片肾形、心形或心状卵形。萼片白色或带粉红色。花期 5—8 月。分布于中、高山区；生于山谷中林下阴湿处。

24. 驴蹄草 *Caltha palustris* L.

　　草本。叶片圆肾形或三角状心形。萼片 5，黄色。花果期 5—9 月。分布于中、高山区；生于山谷溪边、草坡或林下较阴湿处。

25. 花葶驴蹄草 *Caltha scaposa* Hook. f. et Thoms.

　　草本。叶片心状卵形或三角状卵形。萼片 5～7，黄色。花果期 6—9 月。分布于高山区；生于湿草甸或山谷沟边湿草地。

26. 钝齿铁线莲 *Clematis apiifolia* var. *obtusidentata* Rehd. et Wils.

　　藤本。三出复叶。圆锥状聚伞花序；萼片 4，白色。花果期 7—10 月。分布于低、中山区；生于山坡林中或沟边。

27. 金毛铁线莲 *Clematis chrysocoma* Franch.

　　木质藤本。小枝密生黄色短柔毛。三出复叶。花 1～5 朵与叶簇生；萼片 4，白色、粉紫红色。花期 4—7 月，果期 7—11 月。分布于中山区；生于山坡、山谷的灌丛、林下、林边或河谷。

28. 毛柱铁线莲 *Clematis meyeniana* Walp.

　　木质藤本。三出复叶。圆锥状聚伞花序；萼片 4，白色。花期 6—8 月，果期 8—10 月。分布于低、中山区；生于山坡疏林、灌丛中或山谷、溪边。

29. 大花绣球藤 *Clematis montana* var. *grandiflora* Hook.

　　木质藤本。花大；萼片长圆形至倒卵圆形。花期4—7月，果期7—8月。分布于中、高山区；生于山坡灌丛中、山谷、沟边。

30. 晚花绣球藤 *Clematis montana* var. *wilsonii* Sprag.

　　木质藤本。花较大。花期6—9月。分布于中、高山区；生于山坡灌丛中或林边。

31. 须蕊铁线莲 *Clematis pogonandra* Maxim.

　　草质藤本。三出复叶，全缘。花钟状；萼片4，淡黄色。花果期6—8月。分布于中山区；生于山坡林边及灌丛中。

32. 甘青铁线莲 *Clematis tangutica* (Maxim.) Korsh.

　　草质藤本。羽状复叶；小叶 5～7。花 1～3；萼片 4，黄色。花果期 6—10 月。分布于中、高山区；生于高原草地或灌丛中。

33. 圆锥铁线莲 *Clematis terniflora* DC.

　　木质藤本。羽状复叶。圆锥状聚伞花序；萼片通常 4，白色。花期 6—8 月，果期 8—11 月。分布于低山区；生于山地、丘陵的林边或草丛中。

34. 柱果铁线莲 *Clematis uncinata* Champ.

藤本。羽状复叶；小叶 5 ~ 15。圆锥状聚伞花序；萼片 4，白色。花期 6—7 月，果期 7—9 月。分布于低山区；生于山地、山谷、溪边的灌丛中或林边。

35. 丽叶铁线莲 *Clematis venusta* M. C. Chang

藤本。三出复叶。花 1 ~ 3，与叶簇生；萼片 4，白色，外面带紫色。花期 5 月。分布于中山区；生于沟边杂木林中或灌丛中。

36. 川黔翠雀花 *Delphinium bonvalotii* Franch.

　　草本。伞房状或短总状花序；萼片蓝紫色；距钻形，向下马蹄状或螺旋状弯曲。花期6—8月。分布于中山区；生于山地林边。

37. 峨眉翠雀花 *Delphinium omeiense* W. T. Wang

　　草本。总状花序；萼片蓝紫色；距钻形，直或末端稍向下弯曲。花期7—8月。分布于中、高山区；生于山地草坡或林边。

38. 直距翠雀花 *Delphinium orthocentrum* Franch.

草本。总状花序；花较小；萼片蓝紫色；距钻形，向上弯曲。花期8月。分布于中、高山区；生于山地草坡或林边。

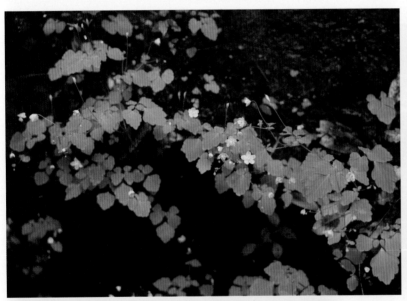

39. 耳状人字果 *Dichocarpum auriculatum* (Franch.) W. T. Wang et Hsiao

草本。叶片中央指片菱形，侧生指片有小叶2。复单歧聚伞花序；萼片白色。花果期4—6月。分布于低、中山区；生于山地阴处潮湿地、疏林下。

40. 人字果 *Dichocarpum sutchuenense* (Franch.) W. T. Wang et Hsiao

　　草本。叶片中央指片圆形或宽倒卵圆形，侧生指片有小叶 2～6。复单歧聚伞花序；萼片白色。花果期 4—6 月。分布于中山区；生于山地林下湿润处或溪边。

41. 铁筷子 *Helleborus thibetanus* Franch.

　　草本。叶片肾形或五角形，鸡足状三全裂。花瓣 8～10，淡黄绿色。花果期 4—5 月。分布于中、高山区；生于山地林中或灌丛中。

42. 美丽芍药 *Paeonia mairei* Lévl.

草本。花单生茎顶；萼片 5；花瓣 7～9，红色。花期 4—5 月；果期 6—8 月。分布于中山区；生于山坡林缘阴湿处。

43. 高山唐松草 *Thalictrum alpinum* L.

草本。叶为二回羽状三出复叶。总状花序；花梗向下弯曲；萼片 4，脱落；雄蕊 7～10。花期 6—8 月。分布于高山区；生于山地草坡。

44. 偏翅唐松草

Thalictrum delavayi Franch.

草本。圆锥花序；萼片4～5，淡紫色，卵形或狭卵形。花期6—9月。分布于中、高山区；生于山地林边、沟边、灌丛或疏林中。

45.宽萼偏翅唐松草 *Thalictrum delavayi* var. *decorum* Franch.

　　草本。与偏翅唐松草的区别：萼片较大，宽卵形。花期6—9月。分布于中、高山区；生于山地灌丛中。

46.滇川唐松草 *Thalictrum finetii* Boivin

　　草本。圆锥花序；萼片4～5，白色或淡绿黄色，脱落；花药狭长圆形。花期7—8月。分布于中、高山区；生于山地草坡、林边或林中。

47. 爪哇唐松草 *Thalictrum javanicum* Bl. Bijdr.

　　草本。伞房状或圆锥状花序；萼片4，早落；花丝上部比花药稍宽，下部丝形。花期4—7月。分布于中、高山区；生于山地林中、沟边或崖边较阴湿处。

48. 小果唐松草 *Thalictrum microgynum* Lecoy. ex Oliv.

　　草本。花序似复伞形；萼片白色，早落；花丝上部比花药宽，下部丝形。花期4—7月。分布于低、中山区；生于山地林下、草坡或岩石边较阴湿处。

49. 长柄唐松草 *Thalictrum przewalskii* Maxim.

　　草本。圆锥花序；萼片白色或稍带黄绿色，早落；花药长圆形，比花丝宽。花期6—8月。分布于中、高山区；生于山地灌丛边、林下或草坡上。

50. 弯柱唐松草 *Thalictrum uncinulatum* Franch.

　　草本。圆锥花序；花密集；萼片白色，早落；花药长圆形；花柱拳卷，密生柱头组织。花果期 7—8 月。分布于中山区；生于山地草坡或林边。

51. 五月瓜藤 *Holboellia fargesii* Reaub.

　　木质藤本。掌状复叶；小叶 3～7。花雌雄同株，红色、紫红色、绿白色或淡黄色，组成伞房式短总状花序。花期 4—5 月，果期 7—8 月。分布于中、高山区；生于山坡及沟谷林中。

52. 峨眉小檗 *Berberis aemulans* Schneid.

灌木。叶片长圆状倒卵形或椭圆形，每边具 5 ～ 12 刺齿。花常 2 ～ 4 朵簇生，黄色。花期 5—6 月，果期 7—10 月。分布于高山区；生于山坡路旁或灌丛中。

53. 单花小檗 *Berberis candidula* Schneid.

灌木。叶片椭圆形至卵圆形，每边具 1 ～ 4 刺齿。花单生，黄色。花期 4—5 月，果期 6—9 月。分布于中、高山区；生于山地路旁或灌丛中。

54. 瓦屋小檗 *Berberis gagnepainii* var. *subovata* Schneid.

灌木。叶片披针形，每边具 6 ～ 20 刺齿。花 2 ～ 15 朵簇生，淡黄色。花期 5—6 月，果期 6—10 月。分布于中山区；生于山地灌丛中、林下或林缘。

55. 川鄂小檗 *Berberis henryana* Schneid.

灌木。叶片椭圆形，每边具 10～20 细刺齿。总状花序具花 10～20；花黄色。花期 5—6 月，果期 7—9 月。分布于中山区；生于山坡灌丛中、林缘、林下或草地。

56. 粉叶小檗 *Berberis pruinosa* Franch.

灌木。叶片椭圆形、倒卵形，每边具 1～6 刺齿。花 8～20 朵簇生。浆果椭圆形或近球形，被白粉。花期 3—4 月，果期 6—8 月。分布于中、高山区；生于灌丛中或高山林缘、林下。

57. 华西小檗 *Berberis silva-taroucana* Schneid.

　　灌木。叶片倒卵形或近圆形，全缘或具小刺齿。花序具花6～12；花黄色。浆果长圆形，深红色。花期4—6月，果期7—10月。分布于中、高山区；生于山坡灌丛中、林下或沟谷。

58. 芒齿小檗 *Berberis triacanthophora* Fedde

　　灌木。叶片线状披针形或狭椭圆形，每边具2～8刺齿。花黄色；小苞片红色，卵形。花期5—6月，果期6—10月。分布于低、中山区；生于山坡草丛、杂木林中。

59. 巴东小檗 *Berberis veitchii* Schneid.

灌木。叶片披针形，每边具 10 ～ 30 刺齿。花 2 ～ 10 朵簇生，粉红色或红棕色。花期 5—6 月，果期 8—10 月。分布于中、高山区；生于山地灌丛中、林缘和河边。

60. 疣枝小檗 *Berberis verruculosa* Hemsl. et Wils.

灌木。叶片倒卵状椭圆形、椭圆形，每边具 2 ～ 4 刺齿。花黄色。花期 5—6 月，果期 7—9 月。分布于中、高山区；生于林下、山坡灌丛中或山谷岩石上。

61. 兴文小檗 *Berberis xingwenensis* Ying

　　灌木。叶椭圆状披针形或披针形，每边具 8～15 刺齿。花红色。花期 4—5 月，果期 7—9 月。分布于中山区；生于山坡杂木林中。

62. 粗毛淫羊藿 *Epimedium acuminatum* Franch.

　　草本。圆锥花序；花色变异大，紫红色、黄色、白色；萼片 2 轮；花瓣呈角状距，向内弯曲。花期 4—5 月，果期 5—7 月。分布于中山区；生于草丛、山坡、灌丛中或林下。

63. 绿药淫羊藿 *Epimedium chlorandrum* Stearn

　　草本。圆锥花序；花大；萼片 2 轮；花瓣淡黄色，距钻状，外伸，弯曲。花期 4 月。分布于低、中山区；生于山坡林下。

64. 宝兴淫羊藿 *Epimedium davidii* Franch.

草本。圆锥花序；萼片淡红色，狭卵形；花瓣淡黄色，基部呈杯状，距钻状，内弯。花期4—5月，果期5—8月。分布于中、高山区；生于林下、灌丛中、岩石上。

65. **无距淫羊藿** *Epimedium ecalcaratum* G. Y. Zhong

　　草本。总状花序有时近圆锥状；内萼片披针形，红紫色；花瓣倒卵圆形，黄色。花果期5—8月。分布于中山区；生于林下草地、灌丛中或荒石坡。

66. **方氏淫羊藿** *Epimedium fangii* Stearn

　　草本。总状花序；花大，内萼片平展；花瓣较内萼片长，淡黄色，距呈钻状。花期4月。分布于中山区；生于山坡林下。

67.川鄂淫羊藿 *Epimedium fargesii* Franch.

草本。总状花序；外萼片狭卵形，带紫蓝色，内萼片白色；花瓣暗紫蓝色，距钻状。花期3—4月，果期4—6月。分布于低、中山区；生于山坡林下或灌丛中。

68.强茎淫羊藿 *Epimedium rhizomatosum* Stearn

草本。圆锥花序；内萼片紧贴花瓣，狭卵形，白色或淡红色；花瓣淡黄色，远较内萼片长，距钻状，弯曲。花期4月，果期7月。分布于中山区；生于林下或灌丛中。

69. 细柄十大功劳 *Mahonia gracilipes* (Oliv.) Fedde

　　灌木。总状花序 3～5 个簇生；花具黄色花瓣和紫色萼片。花期 4—8 月，果期 9—11 月。分布于低、中山区；生于林下、林缘或阴坡。

70. 亮叶十大功劳 *Mahonia nitens* Schneid.

　　灌木。叶片两面具光泽。总状花序 4～10 个簇生；花黄色，有时粉红色。花果期 10 月至翌年 3 月。分布于低、中山区；生于林中、灌丛、溪边或山坡。

71. 峨眉十大功劳 *Mahonia polyodonta* Fedde

　　灌木。总状花序 3 ～ 5 个簇生；花亮黄色至硫黄色。花期 3—5 月，果期 5—8 月。分布于中山区；生于林下、灌丛中、路边或山坡。

72. 长阳十大功劳 *Mahonia sheridaniana* Schneid.

　　灌木。总状花序 4 ～ 10 个簇生；花黄色。花期 3—4 月，果期 4—6 月。分布于中山区；生于山坡林下、路边或灌丛中。

73. 地不容 *Stephania epigaea* Lo

草质藤本。块根硕大，常扁球状。叶片扁圆形。单伞形聚伞花序腋生，稍肉质，常紫红色而有白粉。花期4—5月，果期6—8月。分布于中山区；生于山坡林下、灌丛、草地。

74. 野八角 *Illicium simonsii* Maxim.

　　乔木。花有香气，淡黄色、乳白色或白色，芳香；花被片多数，长圆状披针形、狭舌形。花期几乎全年，果期6—10月。分布于中、高山区；生于山谷、溪流、沿河岸潮湿处。

75. 山玉兰 *Magnolia delavayi* Franch.

　　乔木。叶卵形、卵状长圆形，边缘波状。花杯状；花被片9～10，外轮3片淡绿色，长圆形；内两轮乳白色，倒卵状匙形。花期4—6月，果期8—10月。分布于中山区；生于山地林中或沟边较潮湿处。

76. 凹叶玉兰 *Magnolia sargentiana* Rehd. et Wils.

　　乔木。叶倒卵形，先端圆或凹缺。花先叶开放；花被片淡红色、淡紫红色，肉质，10～17枚，3轮，倒卵状匙形或狭倒卵形。花期4—5月，果期9月。分布于中、高山区；生于潮湿的阔叶林中。

77. 红色木莲 *Manglietia insignis* (Wall.) Bl.

　　乔木。叶片先端渐尖。花被片 9～12；外轮 3 片染红色或紫红色，倒卵状长圆形；中内轮 6～9 片，乳白色染粉红色，倒卵状匙形。花期 5—6 月，果期 8—9 月。分布于中山区；生于林间。

78. 峨眉含笑 *Michelia wilsonii* Finet et Gagnep.

　　乔木。花黄色；花被 9～12 片，倒卵形或倒披针形，肉质，内轮的较狭小。花期 3—5 月，果期 8—9 月。分布于低、中山区；生于林间。

79. 峨眉拟单性木兰 *Parakmeria omeiensis* Cheng

　　乔木。花雄花两性花异株；雄花：花被片 12，浅黄色、乳白色，肉质；两性花：花被片同雄花；雌蕊群椭圆体形。花期 5 月，果期 9 月。分布于中山区；生于林中。

80. 红花五味子 *Schisandra rubriflora* (Franch). Rehd. et Wils.

　　木质藤本。花红色；雄花：花被片 5 ~ 8，椭圆形或倒卵形；雌花：花被片同雄花，雌蕊群长圆状椭圆体形。花期 5—6 月，果期 7—10 月。分布于中山区；生于河谷、山坡林中。

81. 三桠乌药 *Lindera obtusiloba* Bl.

　　乔木或灌木。叶近圆形至扁圆形，先端明显 3 裂。雄花花被片 6；能育雄蕊 9；雌花花被片 6。果球形、椭圆形。花期 3—4 月，果期 8—9 月。分布于低、中、高山区；生于山谷、密林灌丛中。

82. 峨眉钓樟 *Lindera prattii* Gamble

乔木。叶椭圆形至长圆形。伞形花序；雄花花被片6，雄蕊3轮；雌花花被片狭卵形，内、外轮近等长。花期3—4月，果期8—9月。分布于中山区；生于林中。

83. 天全钓樟 *Lindera tienchuanensis* W. P. Fang et H. S. Kung

灌木或小乔木。叶宽卵形至狭卵形。伞形花序；花被片6，黄色或绿色；雄花有雄蕊9；雌花有不育雄蕊9。分布于中、高山区；生于沟旁或林中。

84. 毛叶木姜子 *Litsea mollis* Hemsl.

　　灌木或小乔木。叶长圆形或椭圆形，下面密被白色柔毛。伞形花序；花被片6，黄色，宽倒卵形。果球形。花期3—4月，果期9—10月。分布于低、中山区；生于山坡灌丛或林中。

85. 宝兴木姜子 *Litsea moupinensis* Lec.

　　乔木。叶卵形、菱状卵形、倒卵形，下面密被灰黄色绒毛。伞形花序，先叶开放；花被片6，黄色，近圆形。花期3—4月，果期7—8月。分布于中山区；生于山地路旁或林中。

86. 领春木 *Euptelea pleiospermum* Hook. f. et Thoms.

　　灌木或小乔木。叶卵形或近圆形，先端有 1 尖尾。花丛生；雄蕊 6 ～ 14，花药红色，长于花丝。翅果红棕色，果梗长。花期 4—5 月，果期 7—8 月。分布于中、高山区；生于溪边林中。

87. 南黄堇 *Corydalis davidii* Franch.

草本。总状花序顶生；花黄色；上花瓣舟状卵形，距圆筒形；下花瓣舟状长圆形，鸡冠极矮或无。花果期4—10月。分布于中、高山区；生于林下、林缘、灌丛、草坡。

88. 高茎紫堇 *Corydalis elata* Bur. et Franch.

草本。总状花序；花蓝色或蓝紫色；上花瓣舟状卵形，背部具矮鸡冠状突起，距圆筒形，稍弧曲；下花瓣近圆形。花果期5—9月。分布于高山区；生于高山林下、灌丛、草地或水沟边。

89. 籽纹紫堇 *Corydalis esquirolii* Lévl.

草本。总状花序；花紫色或白色先端紫色；上花瓣舟状椭圆形，背部具矮鸡冠状突起，距圆筒形，略弯曲；下花瓣匙形。花果期3—4月。分布于低山区；生于常绿林下、沟边或山坡草地。

90. 穆坪紫堇 *Corydalis flexuosa* Franch.

草本。总状花序；花天蓝色或蓝紫色；上花瓣舟状狭卵形，先端渐尖，背部无鸡冠状突起，距圆筒形；下花瓣匙形。花果期5—8月。分布于中山区；生于山坡水边或岩石边。

91. 突尖紫堇 *Corydalis mucronata* Franch.

　　草本。总状花序；花玫瑰色或紫红色；上花瓣渐尖，无鸡冠状突起，距近钻形；下花瓣舟状。花期4—5月，果期5—6月。分布于中山区；生于林下或溪边。

92. 黄堇 *Corydalis pallida* (Thunb.) Pers.

　　草本。总状花序；花黄色至淡黄色，较粗大；上花瓣无鸡冠状突起，距钩状弯曲；下花瓣具鸡冠状突起。花期3—4月。分布于低山区；生于林间空地、林缘、河岸或多石坡地。

93. 洱源紫堇 *Corydalis stenantha*
Franch.

　　草本。总状花序；花红色或
蓝紫色；上花瓣舟状卵形，背部
无鸡冠状突起，距圆筒形；下花
瓣先端锐尖。花果期5—8月。
分布于中、高山区；生于山坡林
下、草甸或竹丛中。

94. 川西紫堇 *Corydalis weigoldii* Fedde
　　草本。总状花序短；花粉红色或紫红
色，多少近S形；上花瓣距较粗，圆筒形，
钩状弯曲；下花瓣具龙骨状突起。分布于
低、中山区；生于山坡林下、草丛、沟边。

95. 秃疮花 *Dicranostigma leptopodum* (Maxim.) Fedde

草本。叶片羽状深裂。花黄色，单生于茎顶或2～5花排列成聚伞花序；花瓣倒卵形。花期3—5月，果期6—7月。分布于低、中、高山区；生于草坡、路旁、田埂。

96. 全缘叶绿绒蒿 *Meconopsis integrifolia* (Maxim.) Franch.

草本。全株被锈色和金黄色长柔毛。花常4～5朵，黄色；花瓣6～8，近圆形至倒卵形。花果期5—11月。分布于高山区；生于山坡草甸、岩隙或林缘。

97. 红花绿绒蒿 *Meconopsis punicea* Maxim.

草本。花单生，下垂，深红色；花瓣4，有时6，椭圆形。花果期6—9月。分布于高山区；生于山坡草甸、灌丛、岩隙。

98. 弯曲碎米荠 *Cardamine flexuosa* With.

　　草本。茎生叶有小叶 3～5 对，长卵形或线形。总状花序；花瓣白色，倒卵状楔形。长角果线形。花期 3—5 月，果期 4—6 月。分布于低山区；生于田边、路旁及草地。

99. 大叶碎米荠 *Cardamine macrophylla* Willd.

　　草本。羽状复叶；小叶 4～6 对。总状花序；花瓣淡紫色、紫红色，少白色，倒卵形。花期 5—6 月，果期 7—8 月。分布于中、高山区；生于山坡灌木林下、沟边、石隙、草坡水湿处。

100. 芝麻菜 *Eruca sativa* Mill.

　　草本。叶大头羽裂或不裂。总状花序；花瓣黄色，后变白色，有紫纹，短倒卵形，基部有窄线形长爪。花期 5—6 月，果期 7—8 月。分布于中、高山区；生于林下、灌丛中。

101. 大落新妇 *Astilbe grandis* Stapf ex Wils.

草本。二至三回三出复叶至羽状复叶。圆锥花序；花瓣5，白色或紫色。花果期6—9月。分布于低、中山区；生于林下、灌丛或沟谷阴湿处。

102. 肾叶金腰 *Chrysosplenium griffithii* Hook. f. et Thoms.

草本。叶片肾形，7～19浅裂。聚伞花序；花黄色。花果期5—9月。分布于中、高山区；生于林下、林缘、高山草甸和碎石隙。

103. 峨眉金腰 *Chrysosplenium hydrocotylifolium* var. *emeiense* J. T. Pan

草本。多歧聚伞花序；苞叶阔卵形，边缘具5～8圆齿；花绿色；萼片扁圆形，先端钝圆且具褐色斑点。花果期4—7月。分布于中山区；生于山坡岩隙阴湿处。

104. 绵毛金腰 *Chrysosplenium lanuginosum* Hook. f. et Thoms.

草本。聚伞花序；萼片具褐色单宁质斑点，肾状扁圆形至阔卵形；花盘退化，周围具 1 圈褐色乳头突起。花果期 4—6 月。分布于中山区；生于山谷石隙阴湿处。

105. 大叶金腰 *Chrysosplenium macrophyllum* Oliv.

草本。多歧聚伞花序；苞叶卵形至阔卵形；萼片近卵形至阔卵形；无花盘。花果期 4—6 月。分布于中山区；生于林下或沟旁阴湿处。

106. 柔毛金腰 *Chrysosplenium pilosum* var. *valdepilosum* Ohwi

　　草本。聚伞花序；苞叶近扇形，边缘具 3～5 波状圆齿；萼片具褐色斑点，阔卵形至近阔椭圆形。花果期4—7月。分布于中、高山区；生于林下阴湿处或山谷石隙。

107. 中华金腰 *Chrysosplenium sinicum* Maxim.

　　草本。聚伞花序；苞叶阔卵形、卵形至近狭卵形；花黄绿色；萼片在花期直立。花果期4—8月。分布于低、中、高山区；生于林下或山沟阴湿处。

108. 长叶溲疏 *Deutzia longifolia* Franch.

　　灌木。聚伞花序；花瓣紫红色或粉红色，椭圆形或倒卵状椭圆形。花期6—8月，果期9—11月。分布于中、高山区；生于山坡林下灌丛中。

109. 南川溲疏 *Deutzia nanchuanensis* W. T. Wang

　　灌木。聚伞花序；花瓣长圆形，外面粉红色，内面白色，先端圆形或急尖，边缘皱波状。花期5—6月，果期9—10月。分布于中山区；生于山地林缘和山坡灌丛中。

110. 褐毛溲疏 *Deutzia pilosa* Rehd.

灌木。伞房状聚伞花序；花瓣白色，卵状长圆形。花期4—5月，果期6—8月。分布于低、中山区；生于山地林缘或石缝中。

111. 峨眉溲疏 *Deutzia pilosa* var. *longiloba* P. He. et L. C. Hu

本变种与褐毛溲疏原变种不同点在于萼裂片卵状披针形，先端渐尖。花期5月。分布于中山区；生于山坡灌丛中。

112. 粉红溲疏 *Deutzia rubens* Rehd.

灌木。伞房状聚伞花序；花瓣粉红色，倒卵形，先端圆形。花期5—6月，果期8—10月。分布于中、高山区；生于山坡灌丛中。

113. 长江溲疏 *Deutzia schneideriana* Rehd.

灌木。聚伞状圆锥花序；花瓣白色，长圆形，先端急尖。花期5—6月，果期8—10月。分布于低、中山区；生于山坡灌丛中。

114. 四川溲疏 *Deutzia setchuenensis* Franch.

灌木。伞房状聚伞花序；花瓣白色，卵状长圆形。花期4—7月，果期6—9月。分布于低、中山区；生于山地灌丛中。

115. 长齿溲疏 *Deutzia setchuenensis* var. *longidentata* Rehd.

本变种与四川溲疏原变种不同点在于聚伞花序少花；花梗较长；外轮雄蕊的花丝齿披针形，较花药长很多。分布于低、中山区；生于山地灌丛中。

116. 马桑绣球 *Hydrangea aspera* D. Don

灌木或小乔木。伞房状聚伞花序；不育花萼片 4，阔卵形、圆形或倒卵圆形，绿白色；孕性花花瓣浅紫红色。花期 8—9 月，果期 10—11 月。分布于中、高山区；生于山谷密林或山坡灌丛中。

117. 东陵绣球 *Hydrangea bretschneideri* Dipp.

灌木。伞房状聚伞花序；不育花萼片4，广椭圆形、卵形、倒卵形或近圆形，近等大；孕性花花瓣白色。花期6—7月，果期9—10月。分布于中山区；生于山谷溪边、山坡林中。

118. 西南绣球 *Hydrangea davidii* Franch.

灌木。伞房状聚伞花序顶生；不育花萼片3～4，阔卵形、三角状卵形，不等大；孕性花深蓝色。花期4—6月，果期9—10月。分布于中山区；生于山谷密林、山坡路旁疏林或林缘。

119. 莼兰绣球 *Hydrangea longipes* Franch.

　　灌木。伞房状聚伞花序顶生；不育花萼片 4～5，倒卵形或近圆形；孕性花白色。花期 7—8 月，果期 9—10 月。分布于中山区；生于山沟林下或较湿润的山坡灌丛中。

120. 粗枝绣球 *Hydrangea robusta* J. D. Hooker et Thomson

　　灌木。伞房状聚伞花序；花序轴粗壮，密被黄褐色短粗毛；不育花萼片 4，椭圆形或近圆形；孕性花浅紫红色。花期 8—11 月，果期至翌年 1—2 月。分布于中山区；生于山谷林中。

121. 蜡莲绣球 *Hydrangea strigosa* Rehd.

　　灌木。伞房状聚伞花序；不育花萼片 4～5，阔卵形、阔椭圆形，白色或淡红色；孕性花紫红色。花期 7—8 月，果期 11—12 月。分布于低、中山区；生于山谷或山坡林中或灌丛中。

122. 柔毛绣球 *Hydrangea villosa* Rehd.

　　灌木。伞房状聚伞花序；不育花萼片 4～5，淡红色，倒卵圆形或卵圆形；孕性花紫蓝色或紫红色。花期 7—8 月，果期 9—10 月。分布于低、中山区；生于山谷溪边林下、山坡灌丛中。

123. 挂苦绣球 *Hydrangea xanthoneura* Diels

　　灌木至小乔木。伞房状聚伞花序；不育花萼片 4～5，白色、淡黄绿色、粉红色，广椭圆形至近圆形；孕性花黄白色。花果期 7—10 月。分布于中、高山区；生于山坡林下或山顶灌丛中。

124. 短柱梅花草 *Parnassia brevistyla* (Brieg.) Hand. -Mazz.

　　草本。花单生于茎顶；花瓣白色，宽倒卵形或长圆倒卵形，上部边缘啮蚀状，下部具流苏状毛。花果期7—10月。分布于高山区；生于山坡阴湿林下和林缘、山顶草坡下或河滩草地。

125. 大卫梅花草 *Parnassia davidii* Franch.

　　草本。花单生于茎顶；花瓣白色，长圆形，先端圆，基部楔形，边缘具流苏状毛。花期7—8月。分布于高山区；生于山坡阴湿处、疏林下和草坡。

126. 突隔梅花草 *Parnassia delavayi* Franch.

　　草本。花单生于茎顶；花瓣白色，长圆倒卵形或匙状倒卵形，先端圆或急尖。花果期 7—10 月。分布于中、高山区；生于溪边林下、草滩湿处或碎石坡上。

127. 凹瓣梅花草 *Parnassia mysorensis* Heyne ex Wight et Arn.

　　草本。花单生于茎顶；花瓣白色，宽匙形，先端常 2 裂或微凹。花果期 7—10 月。分布于中、高山区；生于山坡杂木林内、灌丛草甸、山坡草地中。

128. 丽江山梅花 *Philadelphus calvescens* (Rehd.) S. M. Hwang

灌木。总状花序；花瓣白色，近圆形或阔倒卵形，先端常凹入或齿缺。花期6—7月，果期8—10月。分布于中、高山区；生于山坡灌丛中。

129. 山梅花 *Philadelphus incanus* Koehne

灌木。总状花序；花瓣白色，卵形或近圆形。花期5—6月，果期7—8月。分布于中山区；生于山地林缘、灌丛中。

130. 紫萼山梅花 *Philadelphus purpurascens* (Koehne) Rehd.

灌木。总状花序；花萼紫红色；花瓣白色，椭圆形或倒卵形。花期5—6月，果期7—9月。分布于中、高山区；生于山地林下、灌丛中。

131. 毛柱山梅花 *Philadelphus subcanus* Koehne

灌木。总状花序；花瓣白色，倒卵形或椭圆形；花柱近顶端稍分裂。花期6—7月，果期8—10月。分布于中山区；生于山坡林缘、灌丛中。

132. 冰川茶藨子 *Ribes glaciale* Wall.

　　灌木。花雌雄异株，组成直立总状花序；花萼近辐状，褐红色；花瓣近扇形或楔状匙形。花期4—6月，果期7—9月。分布于中、高山区；生于山坡或山谷丛林及林缘或岩石上。

133. 矮醋栗 *Ribes humile* Jancz.

　　灌木。花雌雄异株，组成短总状花序；花萼紫红色；花瓣极小，近扇形或近倒卵圆形。花期5—6月，果期7—8月。分布于中、高山区；生于林下或山坡灌丛中。

134. 裂叶茶藨子 *Ribes laciniatum* Hook. f. et Thoms.

　　灌木。花雌雄异株，组成总状花序；花萼近辐状，红褐色或紫褐色；花瓣紫红色。花期6—7月，果期8—10月。分布于中、高山区；生于山坡林下、灌丛、草地、溪边或山谷。

135. 华西茶藨子 *Ribes maximowiczii* Batalin.

　　灌木。花雌雄异株，组成直立总状花序；花萼黄绿色略带红色；花瓣近扇形。果实卵球形，红色。花期6—7月，果期8月。分布于中、高山区；生于山谷林中或灌木丛内。

136. 宝兴茶藨子 *Ribes moupinense* Franch.

　　灌木。花两性；总状花序；花萼绿色而有红晕；花瓣倒三角状扇形。花期5—6月，果期7—8月。分布于中、高山区；生于山坡林下、岩石坡地及山谷林下。

137. 小果茶藨子 *Ribes vilmorinii* Jancz.

　　灌木。花雌雄异株，组成直立总状花序；花萼近辐状，绿色或微带红褐色；花瓣扇状近圆形。花期5—6月，果期8—9月。分布于中、高山区；生于山坡林下、林缘或山谷灌丛中。

138. 羽叶鬼灯檠 *Rodgersia pinnata* Franch.

　　草本。近羽状复叶。多歧聚伞花序圆锥状；萼片5，近卵形。花果期6—8月。分布于中、高山区；生于林下、林缘、灌丛、高山草甸或石隙。

139. 西南鬼灯檠 *Rodgersia sambucifolia* Hemsl.

　　草本。羽状复叶。聚伞花序圆锥状；萼片5，近卵形。花果期5—10月。分布于中、高山区；生于林下、灌丛、草甸或石隙。

140. 卵心叶虎耳草 *Saxifraga aculeata* Balf. f.

草本。叶片卵形。聚伞花序圆锥状；花瓣 5，白色，3 枚较短，卵形，2 枚较长，线状披针形至披针形。花果期 5—10 月。分布于中、高山区；生于林下和岩壁石隙。

141. 肉质虎耳草 *Saxifraga carnosula* Mattf.

　　草本。具莲座叶丛。单花生于茎顶，或聚伞花序具2花；花瓣黄色，狭卵形至近长圆形。花果期6—9月。分布于高山区；生于林下、高山灌丛和石隙。

142. 蒙自虎耳草 *Saxifraga mengtzeana* Engl. et Irmsch.

　　草本。聚伞花序圆锥状；花瓣5，白色，其中3枚较小，1枚较长，狭卵形，另一枚最长，近披针形。花果期5—10月。分布于中山区；生于林下或山坡。

143. 红毛虎耳草 *Saxifraga rufescens* Balf. f.

　　草本。花葶密被红褐色长腺毛。多歧聚伞花序圆锥状；花瓣5，白色至粉红色，4枚较短，1枚长。分布于中、高山区；生于林下、林缘、灌丛、高山草甸及岩壁石隙。

144. 四川蜡瓣花 *Corylopsis willmottiae* Rehd. et Wils.

　　灌木或小乔木。叶倒卵形或广倒卵形。总状花序；花黄色，先叶开放；花序轴有绒毛；花瓣广倒卵形，有短柄。花期3—4月。分布于中山区；生于山坡及溪沟旁林下、灌丛中。

145. 滇蜡瓣花 *Corylopsis yunnanensis* Diels

　　灌木。叶倒卵圆形。总状花序，花黄色，先叶开放；花序轴有黄褐色长绒毛；花瓣匙形。分布于中山区；生于山坡及溪沟旁林下、灌丛中。

146. 假升麻 *Aruncus sylvester* Kostel.

草本。大型穗状圆锥花序；花瓣倒卵形，白色。花期6月，果期8—9月。分布于中、高山区；生于山沟、山坡杂木林下。

147. 大头叶无尾果 *Coluria* Henryi Batal.

　　草本。花茎具花 1～4；花瓣倒卵形，黄色或白色，先端圆或微凹。花期 4—6 月，果期 5—7 月。分布于中山区；生于草地、岩隙。

148. 尖叶栒子 *Cotoneaster acuminatus* Lindl.

灌木。叶片椭圆卵形至卵状披针形。聚伞花序通常2～3花；花瓣直立，卵形至倒卵形，粉红色。花期5—6月，果期9—10月。分布于中山区；生于杂木林内。

149. 灰栒子 *Cotoneaster acutifolius* Turcz.

灌木。叶片椭圆卵形至长圆卵形。聚伞花序2～5花；花瓣直立，宽倒卵形或长圆形，白色外带红晕。花期5—6月，果期9—10月。分布于中、高山区；生于山坡、山沟及丛林中。

150. 匍匐栒子 *Cotoneaster adpressus* Bois

　　匍匐灌木。茎不规则分枝，平铺地上。花1～2朵；花瓣直立，倒卵形，粉红色。花期5—6月，果期8—9月。分布于中、高山区；生于坡地疏林内、河岸旁或山沟边。

151. 泡叶栒子 *Cotoneaster bullatus* Bois

　　灌木。叶片长圆卵形或椭圆卵形，上面具皱纹并呈泡状隆起。聚伞花序；花瓣直立，倒卵形，浅红色。花期5—6月，果期8—9月。分布于中、高山区；生于坡地疏林内、河岸旁或山沟边。

152. 矮生枸子 *Cotoneaster dammeri* C. K. Schneid.

灌木。茎枝匍匐地面。花常单生；花瓣平展，近圆形或宽卵形，白色。花期5—6月，果期10月。分布于中山区；生于多石山地或稀疏杂木林内。

153. 平枝枸子 *Cotoneaster horizontalis* Dcne.

匍匐灌木。茎枝水平张开成整齐两列状。花1～2朵；花瓣直立，倒卵形，粉红色。花期5—6月，果期9—10月。分布于中、高山区；生于灌木丛中或岩石坡上。

154. 小叶枸子 *Cotoneaster microphyllus* Wall. ex Lindl.

　　小灌木。花常单生，稀2～3朵；花瓣平展，近圆形，白色。花期5—6月，果期8—9月。分布于中、高山区；生于多石山坡地、灌木丛中。

155. 宝兴枸子 *Cotoneaster moupinensis* Franch.

　　灌木。聚伞花序；花瓣直立，卵形或近圆形，粉红色。花期6—7月，果期9—10月。分布于中、高山区；生于疏林边或松林下。

156. 麻叶栒子 *Cotoneaster rhytidophyllus* Rehd. &. Wils.

　　灌木。复聚伞花序；花瓣平展，宽倒卵形至近圆形，白色。花期6月，果期9—10月。分布于中山区；生于石山、荒地疏林内或密林边干燥地。

157. 纤细草莓 *Fragaria gracilis* Lozinsk.

　　草本。植株纤细。花序聚伞状；花瓣近圆形，白色。花期4—7月，果期6—8月。分布于中、高山区；生于山坡草地、沟边林下。

158. 黄毛草莓 *Fragaria nilgerrensis* Schlecht. ex Gay

    草本。植株密被黄棕色绢状柔毛。聚伞花序；花瓣圆形，白色。花期4—7月，果期6—8月。分布于低、中、高山区；生于山坡草地、沟边林下。

159. 垂丝海棠 *Malus halliana* Koehne

    乔木。伞房花序，下垂；花瓣倒卵形，粉红色。花期3—4月，果期9—10月。分布于低、中山区；生于山坡丛林中或山溪边。

160. 丽江山荆子 *Malus rockii* Rehd.

　　乔木。近似伞形花序；花瓣倒卵形，白色，基部有短爪。花期5—6月，果期9月。分布于中、高山区；生于山谷杂木林中。

161. 川康绣线梅 *Neillia affinis* Hemsl.

　　灌木。顶生总状花序，具花6～15；花瓣倒卵形，粉红色。花期5—6月，果期7—9月。分布于中、高山区；生于杂木林中。

162. 中华绣线梅 *Neillia sinensis* Oliv.

灌木。顶生总状花序；花瓣倒卵形，淡粉色。花期5—6月，果期8—9月。分布于中山区；生于山坡、山谷或沟边杂木林中。

163. 蕨麻 *Potentilla anserina* L.

草本。间断羽状复叶，小叶6～11对，下面密被银白色绢毛。单花腋生；花瓣黄色，倒卵形。分布于中、高山区；生于河岸、路边、山坡草地及草甸。

164. 三叶委陵菜 *Potentilla freyniana* Bornm.

草本。掌状 3 出复叶。伞房状聚伞花序顶生；花瓣淡黄色，长圆倒卵形。花果期 3—6 月。分布于低、中山区；生于山坡草地、溪边及疏林下阴湿处。

165. 银露梅 *Potentilla glabra* Lodd.

灌木。羽状复叶，有小叶 2～3 对。顶生单花或数朵；花瓣白色，倒卵形。花果期 6—11 月。分布于中、高山区；生于山坡草地、河谷岩石缝、灌丛及林中。

166. 蛇含委陵菜 *Potentilla kleiniana* Wight et Arn.

　　草本。叶为近于鸟足状 3 或 5 小叶。聚伞花序密集生枝顶；花瓣黄色，倒卵形。花果期 4—9 月。分布于低、中、高山区；生于田边、水旁、草甸及山坡草地。

167. 银叶委陵菜 *Potentilla leuconota* D. Don

　　草本。花茎被伏生或稍开展长柔毛。羽状复叶，小叶 10 ～ 17 对。假伞形花序；花瓣黄色，倒卵形。花果期 5—10 月。分布于中、高山区；生于山坡草地及林下。

168. 尾叶樱桃 *Prunus dielsiana* (Schneid.) Yü et Li

　　乔木或灌木。花序伞形或近伞形；花先叶开放或近先叶开放；花瓣白色或粉红色，卵圆形。花期3—4月。分布于低山区；生于山谷、溪边、林中。

169. 细齿稠李 *Prunus obtusata* Koehne

　　乔木。总状花序；花瓣白色，开展，近圆形或长圆形。花期4—5月，果期6—10月。分布于中、高山区；生于山坡林下以及山谷、沟底和溪边。

170. 稠李 *Prunus padus* L.

　　乔木。总状花序，下垂；花瓣白色，长圆形。分布于低、中山区；生于山坡、山谷或灌丛中。

171. 木香花 *Rosa banksiae* Ait.

　　攀援灌木。伞形花序；花瓣重瓣至半重瓣，白色，倒卵形。花期4—5月。分布于低、中山区；生于溪边、路旁或山坡灌丛中。

172. 复伞房蔷薇 *Rosa brunonii* Lindl.

攀援灌木。小枝圆柱形，有皮刺。小叶通常 7。复伞房状花序；花瓣白色，宽倒卵形。花期 6 月，果期 7—11 月。分布于中山区；生于林下、河谷、林缘、灌丛中。

173. 尾萼蔷薇 *Rosa caudata* Baker.

灌木。小叶 7～9。伞房花序；花萼三角状卵形，先端伸展成尾状；花瓣红色，宽倒卵形。花期 6—7 月，果期 7—11 月。分布于中山区；生于山坡或灌丛中。

174. 城口蔷薇 *Rosa chengkouensis* Yu et Ku

　　灌木。小枝有直立皮刺。小叶通常 5。花单生；花瓣粉红色，宽倒卵形，先端微凹。花期 5—6 月，果期8—10 月。分布于中山区；生于灌木林中或河岸边。

175. 小果蔷薇 *Rosa cymosa* Tratt.

　　攀援灌木。小枝有钩状皮刺。小叶3～5。复伞房花序；萼片常羽状分裂；花瓣白色，倒卵形。花期 5—6 月，果期 7—11 月。分布于低、中山区；生于向阳山坡、溪边或丘陵地。

176. 绣球蔷薇 *Rosa glomerata* Rehd. et Wils.

铺散灌木。小枝有基部膨大并向下弯曲的皮刺。小叶 3～9。伞房花序；花瓣白色；宽倒卵形。花期 7 月，果期 8—10 月。分布于中、高山区；生于山坡林缘、灌木丛中。

177. 细梗蔷薇 *Rosa graciliflora* Rehd. et Wils.

灌木。枝有散生皮刺。小叶 9～11。花单生于叶腋；花瓣粉红色或深红色，倒卵形。花期 7—8 月，果期 9—10 月。分布于高山区；生于山坡、云杉林下或灌丛中。

178. 卵果蔷薇 *Rosa helenae* Rehd. et Wils.

　　铺散灌木。枝条红褐色，有基部膨大的短粗皮刺。伞房花序顶生；花瓣倒卵形，白色，先端微凹。花期5—7月，果期9—10月。分布于中山区；生于山坡、沟边和灌丛中。

179. 软条七蔷薇 *Rosa henryi* Bouleng.

　　灌木。小枝有短扁、弯曲皮刺。伞房状花序；花瓣白色，倒卵形。花期5—7月，果期7—11月。分布于低、中山区；生于山谷、林边、灌丛中。

180. 长尖叶蔷薇 *Rosa longicuspis* Bertol.

攀援灌木。枝弓曲，常有短粗钩状皮刺。伞房状花序；花瓣白色，宽倒卵形，先端凹凸不平。花期5—7月，果期7—11月。分布于低、中山区；生于山坡林下、灌丛中。

181. 大叶蔷薇 *Rosa macrophylla* Lindl.

灌木。小叶7～11。花单生或2～3朵簇生；花瓣深红色，倒三角卵形。花期6—7月。分布于高山区；生于山坡或灌丛中。

182. 华西蔷薇 *Rosa moyesii* Hemsl. et Wils.

　　灌木。小枝有扁平而基部稍膨大皮刺。小叶 7 ～ 13。花单生或 2 ～ 3 朵簇生；花瓣深红色，宽倒卵形。花期 6—7 月，果期 8—10 月。分布于中、高山区；多生于山坡或灌丛中。

183. 野蔷薇 *Rosa multiflora* Thunb.

攀援灌木。小枝有短皮刺。小叶 5～9。
圆锥状花序；花瓣白色，宽倒卵形。花期 4—5
月，果期 8—10 月。分布于低、中山区；生于
山坡林下、灌丛。

184. 粉团蔷薇 *Rosa multiflora* var. *cathayensis* Rehd. et Wils.

本变种与原变种野蔷薇的区别在于花瓣为粉红色，单瓣。分布于低、中山区；生于山坡、灌
丛或河边。

185. 峨眉蔷薇 *Rosa omeiensis* Rolfe

灌木。花单生；花瓣4，白色，倒三角状卵形。花期5—6月，果期7—9月。分布于低、中、高山区；多生于山坡、山脚下或灌丛中。

186. 扁刺峨眉蔷薇 *Rosa omeiensis f. pteracantha* Rehd. et Wils.

本变型与原变型峨眉蔷薇的区别在于幼枝密被针刺及大型紫色宽扁皮刺；小叶片下面被柔毛。分布于低、中、高山区；生于山坡林下或灌丛中。

187. 绢毛蔷薇 *Rosa sericea* Lindl.

灌木。小枝有皮刺或针刺。小叶 5 ～ 11。花单生于叶腋；花瓣白色，宽倒卵形。花期 5—6月，果期 7—8 月。分布于中、高山区；生于山顶、山谷斜坡或向阳燥地。

188. 钝叶蔷薇 *Rosa sertata* Rolfe

灌木。小叶 7 ～ 11。花单生或 3 ～ 5 朵排成伞房状；花瓣粉红色或玫瑰色，宽倒卵形。花期 6 月，果期 8—10 月。分布于中山区；生于山坡、路旁、沟边或疏林中。

189. 川滇蔷薇 *Rosa soulieana* Crep.

　　灌木。小枝青绿色，具基部膨大皮刺。小叶 5 ～ 9。伞房花序，稀单花；花瓣黄白色，倒卵形。花期 5 ～ 7 月，果期 8—9 月。分布于中、高山区；生于山坡、沟边或灌丛中。

190. 秀丽莓 *Rubus amabilis* Focke

　　灌木。小叶 7 ～ 11，卵形或卵状披针形。花单生于小枝顶端，下垂；花瓣近圆形，白色。花期 4—5 月，果期 7—8 月。分布于中、高山区；生于山麓、沟边或山谷丛林中。

191. 周毛悬钩子 *Rubus amphidasys* Focke ex Diels

　　蔓性小灌木。枝红褐色，密被毛。近总状花序；花瓣白色。果实扁球形，暗红色。花期5—6月，果期7—8月。分布于低、中山区；生于山坡林下或林缘。

192. 西南悬钩子 *Rubus assamensis* Focke

　　攀援灌木。单叶。圆锥花序；萼片卵形，顶端长渐尖；常无花瓣。花期6—7月，果期8—9月。分布于中、高山区；生于杂木林下或林缘。

193. 掌叶覆盆子 *Rubus chingii* Hu

藤状灌木。单叶，近圆形，掌状深裂。单花腋生；花瓣椭圆形或卵状长圆形，白色。花期3—4月，果期5—6月。分布于低、中山区；生于山坡、灌丛。

194. 毛萼莓 *Rubus chroosepalus* Focke

攀援灌木。单叶，近圆形或宽卵形。圆锥花序；花萼外密被绢状长柔毛；无花瓣。花期5—6月，果期7—8月。分布于低、中山区；生于山坡灌丛中或林缘。

195. 山莓 *Rubus corchorifolius* L.

灌木。单叶，卵形至卵状披针形。花单生或少数生短枝上；花瓣长圆形或椭圆形，白色。花期2—3月，果期4—6月。分布于低、中山区；生于向阳山坡、溪边、山谷、灌丛中潮湿处。

196. 峨眉悬钩子 *Rubus faberi* Focke

　　灌木。单叶，宽卵形。圆锥花序；花瓣长倒卵形，白色。花期6—7月，果期8—9月。分布于低、中山区；生于山地林下、灌丛中。

197. 凉山悬钩子 *Rubus fockeanus* Kurz

　　匍匐草本。复叶具3小叶。花单生或2朵顶生；花瓣倒卵圆状长圆形至带状长圆形，白色。花期5—6月，果期7—8月。分布于中、高山区；生于山坡草地或林下。

198. 蓬蘽 *Rubus hirsutus* Thunb.

灌木。小叶 3～5。花单生；花瓣倒卵形或近圆形，白色，基部具爪。花期 4 月，果期 5—6 月。分布于低、中山区；生于山坡路旁阴湿处或灌丛中。

199. 宜昌悬钩子 *Rubus ichangensis* Hemsl. et Ktze.

攀援灌木。单叶，卵状披针形。圆锥花序顶生；花瓣直立，椭圆形，白色。花期 7—8 月，果期 10 月。分布于中山区；生于山坡、山谷疏林中或灌丛内。

200. 绵果悬钩子 *Rubus lasiostylus* Focke

灌木。小叶 3，稀 5。伞房花序顶生或腋生；花瓣近圆形，红色。花期 6 月，果期 8 月。分布于中山区；生于山坡灌丛或谷底林下。

201. 喜阴悬钩子 *Rubus mesogaeus* Focke

攀援灌木。小叶常为3。伞房花序顶生或腋生；花瓣倒卵形或椭圆形，白色或浅粉红色。花期4—5月，果期7—8月。分布于中山区；生于山坡、山谷林下潮湿处或沟边。

202. 红泡刺藤 *Rubus niveus* Thunb.

灌木。小叶常7～9。伞房花序或短圆锥花序；花萼在花果期常直立开展；花瓣近圆形，红色。花期5—7月，果期7—9月。分布于低、中山区；生于山坡灌丛、疏林或山谷河滩、溪流旁。

203. 乌泡子 *Rubus parkeri* Hance

　　攀援灌木。单叶，卵状披针形或卵状长圆形。圆锥花序顶生；花萼带紫红色；萼片卵状披针形；常无花瓣。花期5—6月，果期7—8月。分布于低山区；生于山地林中阴湿处或溪旁。

204. 茅莓 *Rubus parvifolius* L.

　　灌木。小叶3。伞房花序，稀成短总状；花瓣卵圆形或长圆形，粉红至紫红色。花期5—6月，果期7—8月。分布于低、中山区；生于山坡杂木林下、向阳山谷、路旁或荒野。

205. 梳齿悬钩子 *Rubus pectinaris* Focke

匍匐草本。单叶；叶片心状近圆形。花 1 或 2 朵顶生，白色。花期 6—7 月，果期 8—9 月。分布于中、高山区；生于山坡或林中。

206. 陕西悬钩子 *Rubus piluliferus* Focke

灌木。小叶 3 ～ 5。伞房花序；花瓣浅红色，近圆形。果实近球形，密被白色短绒毛。花期 5—6 月，果期 7—8 月。分布于中山区；生于山坡或山谷林下。

207. 红毛悬钩子 *Rubus pinfaensis* Lévl. et Vant.

攀援灌木。小枝密被红褐色刺毛。小叶 3。花数朵成束，稀单生；花瓣长倒卵形，白色。花期 3—4 月，果期 5—6 月。分布于低、中山区；生于山坡灌丛、林下或林缘。

208. 香莓 *Rubus pungens* var. *oldhamii* (Miq.) Maxim.

匍匐灌木。小叶常 5 ～ 7。花单生或 2 ～ 4 朵成伞房状花序；花瓣长圆形、近圆形，白色。花期 4—5 月，果期 7—8 月。分布于低、中、高山区；生于山谷半阴处潮湿地或山地林中。

209. 空心泡 *Rubus rosaefolius* Smith

　　灌木。花常 1～2 朵；萼片花后常反折；花瓣长圆形、近圆形，白色。花期 3—5 月，果期 6—7 月。分布于中山区；生于山地林内阴湿处、草坡。

210. 川莓 *Rubus setchuenensis* Bureau et Franch.

　　灌木。单叶，近圆形或宽卵形。狭圆锥花序；花瓣倒卵形或近圆形，紫红色。花期 7—8 月，果期 9—10 月。分布于低、中、高山区；生于山坡、林缘或灌丛中。

211. 紫红悬钩子 *Rubus subinopertus* Yu et Lu

　　灌木。小叶 5～11。短总状花序或伞房花序；萼片褐紫色，果期常反折；花瓣倒卵形或近圆形，粉红色或紫红色。花期 6—7 月，果期 8—9 月。分布于中山区；生于山坡灌丛、林下及林缘。

212. 密刺悬钩子 *Rubus subtibetanus* Hand.-Mazz.

攀援灌木。小枝密被针刺和短皮刺。小叶 3 ～ 5。伞房花序；花瓣近圆形，白色带红或紫红色。花期 5—6 月，果期 6—7 月。分布于中山区；生于山坡或山谷灌丛中。

213. 木莓 *Rubus swinhoei* Hance

灌木。单叶。总状花序；萼片在果期反折；花瓣白色，宽卵形或近圆形。花期 5—6 月，果期 7—8 月。分布于低、中山区；生于山坡林下、灌丛、溪谷边。

214. 三色莓 *Rubus tricolor* Focke

灌木。单叶，卵形至长圆形。花单生或数朵成短总状花序；花瓣倒卵形或长圆形，白色。果实鲜红色，较大。花期 6—7 月，果期 8—9 月。分布于中、高山区；生于坡地或林中。

215. 瓦屋山悬钩子 *Rubus wawushanensis* Yu et Lu

灌木。小枝密被针刺，并有腺毛。小叶 5 ～ 7。花单生或有花 2 ～ 3 朵；花萼外密被灰白色绒毛；花瓣椭圆形或匙形，白色。花期 5—6 月，果期 7—8 月。分布于中山区；生于林下。

216. 窄叶鲜卑花 *Sibiraea angustata* (Rehd.) Hand.-Mazz.

灌木。顶生穗状圆锥花序；花瓣宽倒卵形，白色。蓇葖果直立。花期 6 月，果期 8—9 月。分布于高山区；生于山坡灌木丛中或山谷砂石滩上。

217. 高丛珍珠梅 *Sorbaria arborea* Schneid.

灌木。羽状复叶，小叶 13 ～ 17。大型圆锥花序顶生；花瓣近圆形，白色。花期 6—7 月，果期 9—10 月。分布于中、高山区；生于山坡林边、山溪沟边。

218. 美脉花楸 *Sorbus caloneura* (Stapf) Rehd.

乔木或灌木。叶片长椭圆形、长椭卵形。复伞房花序；花瓣宽卵形，白色。果实球形，褐色，被斑点。花期 4 月，果期 8—10 月。分布于低、中山区；生于杂木林内、河谷地或山地。

219. 石灰花楸 *Sorbus folgneri* (Schneid.) Rehd.

乔木。嫩枝、叶柄、叶片下面和花序均密被白色绒毛。复伞房花序；花瓣卵形，白色。果实椭圆形，红色。花期 4—5 月，果期 7—8 月。分布于中山区；生于山坡杂木林中。

220. 江南花楸 *Sorbus hemsleyi* (Schneid.) Rehd.

乔木或灌木。叶片卵形至长椭卵形。复伞房花序；花瓣宽卵形，白色。果实近球形，有斑点，先端有圆疤。花期5月，果期8—9月。分布于中、高山区；生于山坡混交林内。

221. 湖北花楸 *Sorbus hupehensis* Schneid.

乔木。奇数羽状复叶；小叶4～8对。复伞房花序；花瓣卵形，白色。果实球形，白色，带粉红晕。花期5—7月，果期8—9月。分布于中、高山区；生于高山阴坡或山沟密林内。

222. 陕甘花楸 *Sorbus koehneana* Schneid.

灌木或小乔木。奇数羽状复叶；小叶8～12对。复伞房花序；花瓣宽卵形，白色。果实球形，白色。花期6月，果期9月。分布于中、高山区；生于杂木林内。

223. 大果花楸 *Sorbus megalocarpa* Rehd. I

　　灌木或小乔木。叶片椭圆卵形或倒卵形。复伞房花序；花瓣宽卵形至近圆形。果实卵球形，成熟时暗褐色，被锈色斑点。花期4月，果期7—8月。分布于中山区；生于山谷、沟边或坡地。

224. 西南花楸 *Sorbus rehderiana* Koehne

　　灌木或小乔木。奇数羽状复叶；小叶7～12对。复伞房花序；花瓣宽卵形或椭圆卵形，白色。果实卵形，粉红色至深红色。花期6月，果期9月。分布于中、高山区；生于山地丛林中。

225. 四川花楸 *Sorbus setschwanensis* (Schneid.) Koehne

　　灌木。奇数羽状复叶；小叶12～17对。复伞房花序；花瓣长卵形，白色。果实球形，白色或稍带紫色。花期6月，果期9月。分布于中、高山区；生于岩石坡地或杂木林内。

226. 川滇花楸 *Sorbus vilmorinii* Schneid.

　　灌木或小乔木。奇数羽状复叶；小叶片 9 ～ 13 对。复伞房花序；花瓣卵形或近圆形，白色。果实球形，淡红色。花期 6—7 月，果期 9 月。分布于高山区；生于山地丛林、草坡或林缘。

227. 华西花楸 *Sorbus wilsoniana* Schneid.

　　乔木。奇数羽状复叶；小叶 6 ～ 8 对。复伞房花序；花瓣卵形，白色。果实卵形，橘红色。花期 5 月，果期 9 月。分布于中山区；生于山地杂木林中。

228. 中华绣线菊 *Spiraea chinensis* Maxim.

　　灌木。叶片菱状卵形至倒卵形。伞形花序；花瓣近圆形，白色。花期3—6月，果期6—10月。分布于低、中山区；生于山坡灌木丛中、山谷溪边、田野路旁。

229. 翠蓝绣线菊 *Spiraea henryi* Hemsl.

　　灌木。叶片椭圆形、卵状长圆形。复伞房花序；花瓣宽倒卵形至近圆形，白色。花期4—5月，果期7—8月。分布于中山区；生于岩石坡地、山麓或山顶丛林中。

230. 狭叶粉花绣线菊 *Spiraea japonica* var. *acuminata* Franch.

　　灌木。叶片长卵形至披针形。复伞房花序；花瓣卵形至圆形，粉红色。花期6—7月，果期8—9月。分布于中、高山区；生于山坡旷地、杂木林中、山谷或河沟旁。

231. 无毛粉花绣线菊 *Spiraea japonica* var. *glabra* (Regel) Koidz.

　　灌木。叶片卵形、卵状长圆形。复伞房花序；花瓣卵形至圆形，粉红色。花期6—7月，果期8—9月。分布于中山区；生于多石砾地或林下、林缘。

232. 毛叶绣线菊 *Spiraea mollifolia* Rehd.

　　灌木。叶片长圆形、椭圆形。伞形总状花序；花瓣近圆形，白色。花期6—8月，果期7—10月。分布于中、高山区；生于山坡、山谷灌丛中或林缘。

233. 鄂西绣线菊 *Spiraea veitchii* Hemsl.

灌木。叶片长圆形、倒卵形。复伞房花序；花瓣卵形或近圆形，白色；花盘约有 10 个裂片，排列成环，裂片先端常稍凹陷。花期 5—7 月，果期 7—10 月。分布于中、高山区；生于山坡草地或灌木丛中。

234. 波叶红果树 *Stranvaesia davidiana* var. *undulata* (Dcne.) Rehd. et Wils.

灌木或小乔木。叶片椭圆长圆形至长圆披针形，边缘波皱起伏。复伞房花序；花瓣近圆形，白色。果实近球形，橘红色。花期 5—6 月，果期 9—10 月。分布于中、高山区；生于山坡灌木丛中、河谷、山沟潮湿地区。

235. 山槐 *Albizia kalkora* (Roxb.) Prain

　　小乔木或灌木。二回羽状复叶。头状花序；花初白色，后变黄；花萼、花冠均密被长柔毛。花期5—6月；果期8—10月。分布于低、中山区；生于山坡灌丛、疏林中。

236. 两型豆 *Amphicarpaea edgeworthii* Benth.

　　缠绕草本。羽状 3 小叶。花二型；花冠淡紫色或白色。花、果期 8—11 月。分布于低、中山区；生于山坡路旁及旷野草地上。

237. 肉色土圞儿 *Apios carnea* (Wall.) Benth. ex Baker

　　缠绕草本。奇数羽状复叶。总状花序；花冠淡红色或橙红色；龙骨瓣带状，弯曲成半圆形。花期 7—9 月，果期 8—11 月。分布于低、中山区；生于沟边杂木林中或溪边、路旁。

238. 土圞儿 *Apios fortunei* Maxim.

缠绕草本。奇数羽状复叶。总状花序；花带黄绿色或淡绿色；龙骨瓣卷成半圆形。花期6—8月，果期9—10月。分布于低山区；生于山坡灌丛中。

239. 灌丛黄芪 *Astragalus dumetorum* Hand. -Mazz.

草本。奇数羽状复叶，具小叶25～33。总状花序；花冠淡黄色。花期7—8月。分布于高山区；生于山坡草地。

240. 多花黄芪 *Astragalus floridus* Benth. ex Bunge

　　草本。羽状复叶；小叶 13 ～ 14。总状花序，偏向一边；花序轴和总花梗均被黑色伏贴柔毛；花冠白色或淡黄色。花期 7—8 月，果期 8—9 月。分布于高山区；生于高山草坡或灌丛。

241. 鞍叶羊蹄甲 *Bauhinia brachycarpa* Wall. ex Benth.

　　灌木。伞房式总状花序；花瓣白色，倒披针形。花期 5—7 月，果期 8—10 月。分布于中山区；生于山地草坡和河溪旁灌丛中。

242. 粉叶羊蹄甲 *Bauhinia glauca* (Wall. ex Benth.) Benth.

　　藤本。伞房花序式总状花序，花密集；花瓣白色。花期4—6月，果期7—9月。分布于低、中山区；生于山坡疏林或山谷灌丛中。

243. 云南羊蹄甲 *Bauhinia yunnanensis* Franch.

　　藤本。总状花序；花瓣淡红色，匙形。花期8月，果期10月。分布于低、中山区；生于山地灌丛或悬崖石上。

244. 云实 *Caesalpinia decapetala* (Roth) Alston

　　藤本。总状花序；花瓣黄色，圆形或倒卵形。花果期 4—10 月。分布于低、中山区；生于山坡灌丛中及平坝、丘陵、河旁。

245. 毛笐子梢 *Campylotropis hirtella* (Franch.) Schindl.

　　灌木。羽状复叶具 3 小叶。总状花序，常于顶部形成大圆锥花序；花冠红紫色。花期 6—9 月，果期 9—11 月。分布于中、高山区；生于灌丛、林缘、林下、山坡向阳草地等处。

246. 笐子梢 *Campylotropis macrocarpa* (Bunge) Rehd.

　　灌木。羽状复叶具 3 小叶。总状花序；花序轴密生开展的柔毛；花冠紫红色或近粉红色。花果期 5—10 月。分布于低、中山区；生于山坡、灌丛、林缘、山谷沟边及林中。

247. 云南锦鸡儿 *Caragana franchetiana* Kom.

　　灌木。羽状复叶具 5～9 对小叶；花冠黄色，有时旗瓣带紫色。花期 5—6 月，果期 7 月。分布于高山区；生于山坡灌丛、林下或林缘。

248. 响铃豆 *Crotalaria albida* Heyne ex Roth

　　草本，基部常木质。单叶。总状花序；花冠淡黄色。花果期 5—12 月。分布于低、中山区；生于荒地路旁及山坡疏林下。

249. 圆锥山蚂蝗 *Desmodium elegans* DC.

灌木。羽状三出复叶；小叶 3。顶生圆锥花序或腋生总状花序；花冠紫色或紫红色。荚果扁平，有荚节 3～6。花果期 6—10 月。分布于中、高山区；生于林缘、林下、山坡路旁或沟边。

250. 长柄山蚂蝗 *Podocarpium podocarpum* (DC.) Yang et Huang

草本。羽状三出复叶；小叶 3。总状花序或圆锥花序；花冠紫红色。荚果通常有荚节 2；荚节略呈宽半倒卵形。花果期 8—9 月。分布于低、中山区；生于山坡草地、林下或草甸。

251. 尖叶长柄山蚂蝗 *Podocarpium* var. *oxyphyllum* **(DC.)** Yang et Huang

　　本变种与长柄山蚂蝗不同之处在于顶生小叶菱形，先端渐尖。分布于低、中山区；生于山坡路旁、沟旁、林缘或林下。

252. 河北木蓝 *Indigofera bungeana* Walp.

　　灌木。羽状复叶；小叶 5～9。总状花序腋生；花冠红色或紫红色。花期 5—6 月，果期 8—10 月。分布于低、中山区；生于山坡、草地或河滩地。

253. 垂序木蓝 *Indigofera pendula* Franch.

灌木。羽状复叶；小叶 13～27。总状花序下垂；花冠紫红色。花期 6—8 月，果期 9—10 月。分布于中、高山区；生于山坡、山谷、沟边的灌丛中及林缘。

254. 山葛 *Pueraria lobata* var. *montana* (Lour.) van der Maesen

藤本。羽状复叶；小叶 3。总状花序；花冠紫色。花期 7—9 月，果期 10—12 月。分布于低、中山区；生于旷野灌丛中或山地疏林下。

255. 五叶老鹳草 *Geranium delavayi* Franch.

　　草本。叶片五角形，掌状 5 裂或不明显 7 裂。圆锥状聚伞花序；花瓣紫红色，先端圆形，向上反折。花期 6—8 月，果期 8—10 月。分布于中、高山区；生于山地草甸、林缘和灌丛。

256. 萝卜根老鹳草 *Geranium napuligerum* Franch.

　　草本。具肉质块根和纤维状须根。花瓣紫红色，倒长卵形，先端圆形或截平状圆形，基部狭长成爪。花期7—8月，果期9—10月。分布于中、高山区；生于林下、高山草甸、灌丛。

257. 甘青老鹳草 *Geranium pylzowianum* Maxim.

　　草本。叶片肾圆形，掌状5～7深裂，裂片再1～2次羽状深裂。聚伞花序；花瓣紫红色，倒卵圆形，先端截平，基部骤狭。花期7—8月，果期9—10月。分布于中、高山区；生于林缘草地、高山草甸。

258. 鼠掌老鹳草 *Geranium sibiricum* L.

草本。叶片齿状羽裂或深缺刻。花序具1花或偶具2花；花瓣倒卵形，淡紫色或白色，基部具短爪。花期6—7月，果期8—9月。分布于低、中山区；生于林缘、灌丛、河谷草地。

芸香科 | **Rutaceae**

259. 臭节草 *Boenninghausenia albiflora* (Hook.) Reichb. ex Meisn.

草本。茎分枝多。叶倒卵形、菱形或椭圆形。花瓣白色，有时顶部桃红色，长圆形或倒卵状长圆形。花果期7—11月。分布于低、中山区；生于山地草丛、林下。

260. 长毛籽远志 *Polygala wattersii* Hance

　　灌木或小乔木。叶片椭圆形、椭圆状披针形。总状花序；花瓣 3，黄色；龙骨瓣具 2 兜状、先端圆形或 2 浅裂的鸡冠状附属物。花期 4—6 月，果期 5—7 月。分布于中山区；生于林下或灌丛中。

261. 湖北大戟 *Euphorbia hylonoma* Hand. -Mazz.

　　草本。叶长圆形至椭圆形。花序生于枝顶；总苞钟状，边缘4裂；腺体4，肾圆形，淡黑褐色。雌花1枚；花柱3。花期4—7月，果期6—9月。分布于低、中、高山区；生于山沟、山坡、灌丛、草地、疏林中。

262. 钩腺大戟 *Euphorbia sieboldiana* Morr. et Decne

　　草本。花序生于枝顶；总苞杯状，边缘4裂；腺体4，新月形，黄褐色或黄绿色；雌花1枚，子房柄伸出总苞。花果期4—9月。分布于中、高山区；生于林下、林缘、灌丛、草地。

263. 雀儿舌头 *Leptopus chinensis* (Bunge) Pojark

灌木。叶片卵形、近圆形、椭圆形或披针形。花小，雌雄同株；萼片、花瓣、雄蕊均为 5。花期 2—8 月，果期 6—10 月。分布于低、中山区；生于山地灌丛、林缘、岩崖或石缝中。

264. 缘缐雀舌木 *Leptopus clarkei* (Hook. f.) Pojark

灌木。叶片椭圆形或长卵形。花雌雄同株；花各部 5 数；花瓣绿色；花盘腺体 10 裂至中部。花果期 5—8 月。分布于中山区；生于林下或灌丛中。

265. 野 桐 *Mallotus japonicus* var. *floccosus* (Muell. Arg.) S. M. Hwang

小乔木或灌木。植株被褐色星状毛。叶卵圆形、卵状三角形、肾形或横长圆形。花雌雄异株；雌花序总状，不分枝。花期7—11月。分布于中山区；生于山地林中。

266. 粗糠柴 *Mallotus philippensis* (Lam) Muell.

小乔木或灌木。花雌雄异株；花序总状；雌花序较长。蒴果扁球形，密被红色颗粒状腺体和粉末状毛。花期4—5月，果期5—8月。分布于低、中山区；生于山地林中或林缘。

267. 山乌桕 *Sapium discolor* (Champ. ex Benth.) Muell.

乔木或灌木。叶椭圆形或长卵形。花雌雄同株，密集形成顶生总状花序；雌花生于花序轴下部，雄花生于上部。花期4—6月。分布于低、中山区；生于山谷或山坡林中。

268. 多雄蕊商陆 *Phytolacca polyandra* Batalin

草本。叶片椭圆状披针形或椭圆形。总状花序圆柱状，直立；花被片5，初开花时白色，以后变红。花期5—8月，果期6—9月。分布于中、高山区；生于山坡林下、山沟、河边。

269. 太子凤仙花 *Impatiens alpicola* Y. L. Chen et Y. Q. Lu

　　草本。花黄色；旗瓣小，卵圆形；唇瓣斜漏斗形，基部为细长弯曲的距。花果期7—10月。分布于中、高山区；生于林缘潮湿处。

270. 川西凤仙花 *Impatiens apsotis* Hook. f.

　　草本。花小，白色；旗瓣绿色，舟状，背面中肋具短而宽的翅；唇瓣檐部舟状，向基部漏斗状，狭成内弯的距。花果期6—10月。分布于中、高山区；生于河谷、林缘潮湿地。

271. 白汉洛凤仙花 *Impatiens bahanensis* Hand. -Mazz.

草本。花小，粉红色；旗瓣宽卵形，兜状；唇瓣檐部舟状，口部平展，基部狭成内弯的细距。花期7—8月。分布于中、高山区；生于山谷竹丛边或林下。

272. 睫毛萼凤仙花 *Impatiens blepharosepala* Pritz. ex Diels

草本。花紫色；侧生萼片边缘有睫毛；旗瓣近肾形；唇瓣宽漏斗状，基部延长成内弯的距。分布于低、中山区；生于山谷水旁、沟边、林缘或山坡阴湿处。

273. 短柄凤仙花 *Impatiens brevipes* Hook. f.

　　草本。花白色；旗瓣圆形，中肋背面具钝宽翅；唇瓣檐部漏斗状，基部狭成内弯的距。花期7—9月。分布于中山区；生于林缘阴湿处。

274. 鸭跖草状凤仙花 *Impatiens commellinoides* Hand.-Mazz.

　　草本。花蓝紫色；旗瓣圆形；翼瓣具柄；唇瓣宽漏斗状，基部渐狭成内弯的距。花果期8—11月结果。分布于中山区；生于林缘、山谷沟边、路旁。

275. 齿萼凤仙花 *Impatiens dicentra* Franch. ex Hook. f.

　　草本。花大，黄色；旗瓣圆形；唇瓣囊状，基部延长成内弯的短距。分布于中山区；生于山沟溪边、林下草丛中。

276. 散生凤仙花 *Impatiens distracta* Hook. f.

　　草本。花较小，粉紫色；旗瓣圆形；翼瓣上部裂片较大，斧形；唇瓣檐部舟状，基部狭成内弯的距。花期8—9月。分布于中山区；生于山坡林缘草丛中或林下。

277. 华丽凤仙花 *Impatiens faberi* Hook.

　　草本。总花梗上具 2 花；花大，紫红色；旗瓣圆形；翼瓣 2 裂，上部裂片较大，斧形；唇瓣角状，距内弯或直。花期 8—9 月。分布于中山区；生于山坡林缘或路边潮湿处。

278. 细柄凤仙花 *Impatiens leptocaulon* Hook. f.

　　草本。花红紫色；旗瓣圆形；翼瓣无柄，上部裂片倒卵状矩圆形；唇瓣舟形，下延成内弯的长矩。花期 7—8 月。分布于中山区；生于山坡草丛阴湿处或林下、沟边。

279. 齿苞凤仙花 *Impatiens martinii* Hook. f.

　　草本。花小，白色或浅黄色；旗瓣圆形；翼瓣 3 裂；唇瓣漏斗状，基部为内弯的距。花期 7—9 月，果期 8—10 月。分布于低、中山区；生于林下、沟边、草丛阴湿处。

280. 小穗凤仙花 *Impatiens microstachys* Hook. f.

　　草本。花小，淡黄色；旗瓣圆形；翼瓣基部裂片圆形，上部裂片小；唇瓣近漏斗状，基部渐狭成内弯的细距。花期 8—9 月，果期 10 月。分布于中山区；生于林下、灌丛或路边阴湿处。

281. 山地凤仙花 *Impatiens monticola* Hook. f.

　　草本。花浅黄色；旗瓣圆形；翼瓣 2 裂，上部裂片斧形；唇瓣檐部舟状，基部狭成内弯的细距。花期 7—9 月，果期 10 月。分布于中山区；生于林缘阴湿处或路边石缝中。

282. 峨眉凤仙花 *Impatiens omeiana* Hook. f.

　　草本。花大，黄色；旗瓣三角状圆形；翼瓣无柄，2 裂，上部裂片斧形；唇瓣漏斗状，基部延成内弯的短距。花期 8—9 月。分布于低、中山区；生于灌木林下或林缘。

283. 红雉凤仙花 *Impatiens oxyanthera* Hook. f.

　　草本。花大，红色或淡紫红色；旗瓣圆形；翼瓣上部裂片狭斧形或马刀形；唇瓣檐部近囊状漏斗形，基部狭成内弯的距，具红色条纹。花期 7—9 月。分布于中山区；生于山坡林缘或路旁阴湿处。

284. 紫萼凤仙花 *Impatiens platychlaena* Hook. f.

草本。花大，浅黄白色；旗瓣圆形；翼瓣上部裂片长斧形，具细丝；唇瓣深囊状，基部急狭成内弯的短距。花期 8—9 月，果期 10 月。分布于低、中山区；生于林缘、林下或灌木丛中潮湿处。

285. 宽距凤仙花 *Impatiens platyceras* Maxim.

草本。花大，淡紫红色；旗瓣宽肾形；翼瓣上部裂片斧形，先端有丝状长尖；唇瓣囊状，具紫褐色斑纹，基部成内弯的短距。花期 7—8 月。分布于中、高山区；生于山坡林下阴湿处。

286. 羞怯凤仙花 *Impatiens pudica* Hook. f.

　　草本。花小，粉红色；旗瓣圆形；翼瓣上部裂片宽斧形；唇瓣漏斗状，基部狭成内弯的细距。分布于中山区；生于山坡潮湿处。

287. 总状凤仙花 *Impatiens racemosa* DC.

草本。花小，黄色或淡黄色；旗瓣圆形；翼瓣上部裂片宽斧形；唇瓣锥状，基部狭成内弯的长距。花期 6—8 月。分布于中山区；生于水沟边草丛中。

288. 菱叶凤仙花 *Impatiens rhombifolia* Y. Q. Lu et Y. L. Chen

草本。花大，黄色；旗瓣圆形；翼瓣基部裂片具枣红色斑点，上部裂片斧状；唇瓣檐部舟形，基部具内弯的细距。分布于低、中山区；生于山坡草丛、林下阴湿处。

289. 粗壮凤仙花 *Impatiens robusta* Hook. f.

　　草本。花大，浅黄白色至浅粉红色；旗瓣圆形或近肾形；翼瓣上部裂片宽斧形，顶端具长丝；唇瓣囊状漏斗状，基部渐狭成短粗距。花期8—9月。分布于中山区；生于林下、沟边阴湿处。

290. 短喙凤仙花 *Impatiens rostellata* Franch.

草本。花白色、粉红色、黄色或天蓝色；旗瓣圆形或宽卵形；翼瓣上部裂片长圆形或狭斧形；唇瓣宽漏斗状，基部渐狭成旋卷的距。花期7～8月，果期9月。分布于中山区；生于林缘或草丛、路边阴湿处。

291. 红纹凤仙花 *Impatiens rubro-striata* Hook. f.

草本。花大，白色，具红色条纹；旗瓣圆形；翼瓣下裂片椭圆形；唇瓣囊状，基部成内弯的短距。花期6—7月，果期7—9月。分布于中山区；生于山谷溪旁、林下、灌丛下潮湿处。

292.窄萼凤仙花 *Impatiens stenosepala* Pritz. ex Diels

　　草本。花大，紫红色；旗瓣宽肾形；翼瓣上部裂片斧形；唇瓣囊状，基部有直或内弯的矩。分布于低、中山区；生于山坡林下、山沟水旁或草丛中。

293. 野凤仙花 *Impatiens textori* Miq.

　　草本。花大，淡紫色或紫红色，具紫色斑块；旗瓣卵状方形；翼瓣上部裂片长圆状斧形；唇瓣钟状漏斗形，基部有短距。花期8—9月。分布于低、中山区；生于山林、水边潮湿处。

294. 天全凤仙花 *Impatiens tienchuanensis* Y. L. Chen

　　草本。花较大，紫红色；旗瓣近圆形，顶端深凹；翼瓣上部裂片宽斧形；唇瓣檐部漏斗状，有紫色条纹，基部狭成内弯的细距。花期9—11月。分布于中山区；生于山坡阴湿处。

295. 扭萼凤仙花 *Impatiens tortisepala* Hook. f.

草本。花黄色；旗瓣肾圆形；翼瓣上部裂片斧形；唇瓣檐部囊状，基部急狭成内弯的距。花期8—9月。分布于中山区；生于山坡、山谷阴湿处。

296. 白花凤仙花 *Impatiens wilsonii* Hook. f.

草本。花大，白色；旗瓣椭圆形；翼瓣上部裂片斧形；唇瓣囊状，基部圆形，有内弯的短距。分布于中、低山区；生于沟边或林下阴湿处。

297. 波缘风仙花 *Impatiens undulata* Y. L. Chen et Y. Q. Lu

草本。花黄色；旗瓣近圆形；翼瓣上部裂片斧形，顶端有缺刻；唇瓣高脚碟形，距细长。花期8—9月。分布于中山区；生于林缘或林间草地。

298. 大芽南蛇藤 *Celastrus gemmatus* Loes.

藤状灌木。聚伞花序；花瓣长方倒卵形；雄蕊约与花冠等长。蒴果球状。花期4—9月，果期8—10月。分布于低、中山区；生于树林或灌丛中。

299. 灰叶南蛇藤 *Celastrus glaucophyllus* Rehd. et Wils.

　　藤状灌木。叶背灰白色或苍白色；花瓣倒卵长方形或窄倒卵形。果实近球状。花期3—6月，果期9—10月。分布于低、中、高山区；生于混交林中。

300. 短梗南蛇藤 *Celastrus rosthornianus* Loes.

　　藤状灌木。花序梗短；花瓣近长方形。蒴果近球状；种子阔椭圆状。花期4—5月，果期8—10月。分布于低、中、高山区；生于山坡林缘和丛林下。

301. 短柱南蛇藤 *Celastrus stylosus* Wall.

　　藤状灌木。聚伞花序；花瓣长方倒卵形；雌蕊瓶状，柱头反曲。花期3—5月，果期8—10月。分布于中山区；生于山坡林地。

302. 长序南蛇藤 *Celastrus vaniotii* (Lévl.) Rehd.

　　藤状灌木。聚伞花序；花瓣倒卵长方形或近倒卵形。蒴果近球状。花期5—7月，果期9月。分布于低、中山区；生于山地混交林中。

303. 肉花卫矛 *Euonymus carnosus* Hemsl.

灌木或小乔木。聚伞花序；花4数，黄白色；子房四棱锥形。花期6—7月，果期9—10月。分布于低、中山区；生于山地灌丛中。

304. 角翅卫矛 *Euonymus cornutus* Hemsl.

灌木。聚伞花序；花紫红色或暗紫带绿，4数及5数。蒴果近球状，具4或5翅；翅尖端微呈钩状。花果期5—9月。分布于中山区；生于山地灌丛中。

305. 纤细卫矛 *Euonymus gracillimus* Hemsl.

灌木或小乔木。聚伞花序；花小，4数；花瓣近圆形；雄蕊近无花丝。花期5—6月，果期11月。分布于低、中山区；生于山坡林中。

306. 大花卫矛 *Euonymus grandiflorus* Wall.

灌木或乔木。疏松聚伞花序 3 ～ 9 花；花黄白色，4 数，较大。蒴果近球状，常具窄翅棱。花期 6—7 月，果期 9—10 月。分布于低、中山区；生于山地丛林、溪边、河谷等处。

307. 秀英卫矛 *Euonymus hui* J. S. Ma

乔木。聚伞花序；花紫红色，4 数；花瓣近长条形；雄蕊近无花丝。花期 6—7 月，果期 8—9 月。分布于低、中山区；生于山坡林中。

308. 栓翅卫矛 *Euonymus phellomanus* Loes.

　　灌木。枝条常具4纵列木栓厚翅。聚伞花序；花白绿色，4数。蒴果4棱，倒圆心状，粉红色。花期7月，果期8—10月。分布于中、高山区；生于山谷林中。

309. 膀胱果 *Staphylea holocarpa* Hemsl.

　　灌木或小乔木。伞房花序；花白色或粉红色，与叶同时开放。果为 3 裂、梨形膨大的蒴果。花期 4—5 月，果期 6—7 月。分布于中山区；生于山坡林下、灌丛。

310. 阔叶清风藤 *Sabia yunnanensis* subsp. *latifolia* (Rehd. et Wils.) Y. F. Wu

攀援木质藤本。叶卵状披针形、长圆状卵形。聚伞花序；花绿色或黄绿色；花瓣 5，倒卵状长圆形，有紫红色斑点。花期 4—5 月，果期 5 月。分布于中山区；生于密林中。

311. 黄背勾儿茶 *Berchemia flavescens* (Wall.) Brongn.

藤状灌木。叶大，卵圆形、卵状椭圆形或矩圆形。聚伞圆锥花序；花黄绿色；花瓣倒卵形。花期6—8月，果期次年5—7月。分布于中、高山区；生于山坡灌丛或林下。

312. 多花勾儿茶 *Berchemia floribunda* (Wall.) Brongn.

灌木。宽聚伞圆锥花序顶生；花黄色；花瓣倒卵形。核果圆柱状椭圆形。花期7—10月，果期次年4—7月。分布于中山区；生于山坡、沟谷、林缘、林下或灌丛中。

313. 铁包金 *Berchemia lineata* (L.) DC.

灌木。叶矩圆形或椭圆形。顶生聚伞总状花序；花白色；花瓣匙形。核果圆柱形，成熟时黑色或紫黑色。花期7—10月，果期11月。分布于低山区；生于山野、路旁或开旷地。

314. 薄叶鼠李 *Rhamnus leptophylla* Schneid.

灌木或小乔木。花单性，雌雄异株，4基数；雄花簇生于短枝端；雌花簇生于短枝端或长枝下部叶腋。花期3—5月，果期5—10月。分布于中山区；生于山坡、山谷、灌丛中或林缘。

315. 软枣猕猴桃 *Actinidia arguta* (Sieb. et Zucc) Planch. ex Miq.

藤本。聚伞花序，有花 4 ～ 6；花黄白色或黄绿色，芳香；花瓣 4 ～ 6。果圆球形至柱状长圆形。花期 6—7 月。分布于中山区；生于山坡、溪旁、林中。

316. 硬齿猕猴桃 *Actinidia callosa* Lindl.

　　藤本。花单生，或聚伞花序有花2～3；花黄白色；花瓣5，倒卵形。分布于低、中山区；生于山地林中、灌丛、林缘。

317. 美味猕猴桃 *Actinidia chinensis* var. *deliciosa* (A. Chevalier) A. Chevalier

　　藤本。叶倒阔卵形至倒卵形。花较大；花瓣多为5，阔倒卵形；雄蕊极多，花药黄色。果近球形、圆柱形或倒卵形。分布于低、中山区；生于山坡林下、林缘、灌丛中。

318. 大花猕猴桃 *Actinidia grandiflora* C. F. Liang

　　藤本。叶倒卵形。花序一般 3 花；花较大；花瓣 5 ~ 6，瓢状倒卵形；花药长圆形箭头状；子房圆球形。花期 5—6 月。分布于中山区；生于山坡林下、灌丛中。

319. 长叶猕猴桃 *Actinidia hemsleyana* Dunn

　　藤本。叶长方椭圆形、长方披针形至倒披针形。花 1 ~ 3，淡红色；花瓣 5。果卵状圆柱形，被金黄色毛茸。花期 5 -6 月，果期 9—10 月。分布于低山区；生于山坡林地。

320. **狗枣猕猴桃** *Actinidia kolomikta* (Maxim. et Rupr.) Maxim.

藤本。聚伞花序；花白色或粉红色；花瓣 5，长方倒卵形。果柱状长圆形或球形，未熟时暗绿色，成熟时淡橘红色。花期 5—7 月，果期 9—10 月。分布于中山区；生于山地林中的开旷地。

321. **葛枣猕猴桃** *Actinidia polygama* (Sieb. et Zucc.) Maxim.

藤本。叶卵形或椭圆卵形。花白色；花瓣 5，倒卵形至长方倒卵形；子房瓶状。花期 6—7 月，果期 9—10 月。分布于低、中山区；生于山林中。

322. 四萼猕猴桃 *Actinidia tetramera* Maxim.

藤本。花白色，渲染淡红色；花瓣4～5，瓢状倒卵形；花药黄色，长圆形，两端钝圆。花期5—6月，果期9—10月。分布于中山区；生于山地丛林中近水处。

323. 显脉猕猴桃 *Actinidia venosa* Rehd.

藤本。聚伞花序一回或二回分枝，1～7花；花淡黄色；花瓣5，矩状倒卵形；花药黄色，长方箭头状。花期5—6月，果期8—9月。分布于中山区；生于山地树林中。

324. 藤山柳 *Clematoclethra lasioclada* Maxim.

藤本。花序被细绒毛或兼被刚毛；花白色；花瓣瓢状倒矩卵形；花柱圆柱形，柱头远伸出花冠。花期6月，果期7—8月。分布于中山区；生于山坡林中、林缘。

325. 大叶藤山柳 *Clematoclethra lasioclada* var. grandis (Hernsl.) Rehd.

藤本。叶阔椭圆形或阔卵圆形。花序有花3～5朵；花瓣瓢状倒矩卵形；花柱圆柱形，柱头伸出花冠。花期6月，果期8月。分布于中、高山区；生于山地沟谷林缘或林中。

326. 四川大头茶 *Gordonia acuminata* Chang

　　乔木。叶厚革质，椭圆形。花白色，生于枝顶叶腋；花瓣外侧有柔毛。花期10—12月。分布于低山区；生于林中。

327. 扬子小连翘 *Hypericum faberi* R. Keller

　　草本。叶片卵状长圆形至长圆形。蝎尾状二歧聚伞花序；花瓣黄色，倒卵状长圆形；雄蕊 3 束。花期 6—7 月，果期 8—9 月。分布于中山区；生于山坡草地、灌丛、路旁。

328. 短柱金丝桃 *Hypericum hookerianum* Wight et Arn.

灌木。近伞房花序；花瓣深黄至暗黄色；雄蕊5束，花药金黄色；子房宽卵珠形；花柱较短。花期4—7月，果期8—10月。分布于中、高山区；生于山坡灌丛或林缘。

329. 地耳草 *Hypericum japonicum* Thunb. ex Murray

草本。叶片卵形、长圆形或椭圆形，基部抱茎。花瓣白色、淡黄至橙黄色；雄蕊5～30枚，不成束。花期3—8月，果期6—10月。分布于低、中山区；生于沟边、草地、荒地上。

330. 戟叶堇菜 *Viola betonicifolia* J. E. Smith

草本。叶均基生，莲座状；叶片狭披针形、三角状戟形或三角状卵形。花白色或淡紫色，有深色条纹。花果期4—9月。分布于低、中山区；生于山坡草地、灌丛、林缘等处。

331. 鳞茎堇菜 *Viola bulbosa* Maxim.

草本。叶片长圆状卵形或近圆形，边缘具明显的波状圆齿。花白色；花瓣倒卵形，有紫堇色条纹。花期5—6月。分布于中、高山区；生于山谷、山坡草地、耕地边缘。

332. 深圆齿堇菜 *Viola davidii* Franch.

　　草本。叶片边缘具较深圆齿。花白色或略染紫色；花瓣倒卵状长圆形，上方与侧方花瓣近等大，下方花瓣较短，有紫色脉纹。花期3—6月，果期5—8月。分布于低、中山区；生于林下、林缘、山坡草地、溪谷或石上阴蔽处。

333. 灰叶堇菜 *Viola delavayi* Franch.

　　草本。叶片卵心形，边缘具波状浅齿。花黄色；下方花瓣宽倒卵形，有紫色条纹。花期6—8月，果期7—8月。分布于中山区；生于山地林缘、草坡、溪谷潮湿处。

334. 七星莲 *Viola diffusa* Ging.

草本。叶片卵形或卵状长圆形。花淡紫色，略染浅黄色晕；下方花瓣显著狭小，有紫色条纹。花期3—5月，果期5—8月。分布于低、中山区；生于山地林下、林缘、草坡、溪谷旁、岩石缝隙中。

335. 长梗紫花堇菜 *Viola faurieana* W. Beck.

草本。叶片卵状心形、宽卵形或近肾形。花较大，淡紫色或粉白色；花梗远较叶为长。花期4—5月，果期6—7月。分布于低、中山区；生于山坡林缘或草丛中。

336. 阔萼堇菜 *Viola grandisepala* W. Beck.

　　草本。叶片宽卵形或近圆形，边缘有圆形浅锯齿。花白色；萼片宽卵形至卵形，有棕色斑点；花瓣长圆状倒卵形，下方花瓣有深紫红色条纹。花期4—5月。分布于中、高山区；生于山坡、路旁阴湿处。

337. 紫叶堇菜 *Viola hediniana* W. Beck.

　　草本。叶片卵状披针形，先端长渐尖。花黄色；上方及侧方花瓣近相等，长圆形；下方花瓣较大，三角状倒卵形。花期5—6月，果期6—8月。分布于中、高山区；生于山地林下、林缘、草坡或岩缝潮湿处。

338. 茜堇菜 *Viola phalacrocarpa* Maxim.

　　草本。叶均基生，莲座状；叶片边缘具低而平的圆齿，下面稍带淡紫色。花紫红色或粉红色，具深紫色条纹。花果期4—9月。分布于低、中山区；生于向阳山坡草地、灌丛及林缘。

339. 浅圆齿堇菜 *Viola schneideri* W. Beck.

　　草本。叶片卵形或卵圆形，边缘具浅圆齿。花白色或淡紫色；花瓣长圆状倒卵形。花期4—6月。分布于中、高山区；生于山地林下、林缘、草坡、溪谷等处。

340. 深山堇菜 *Viola selkirkii* Pursh ex Gold

　　草本。叶基生；叶片薄纸质，心形或卵状心形。花淡紫色或近白色；花瓣倒卵形。花果期5—7月。分布于低、中山区；生于山区林下、灌丛、溪谷、沟旁阴湿处。

341. 四川堇菜 *Viola szetschwanensis* W. Beck. et H. de Boiss.

　　草本。叶片宽卵形、肾形或近圆形，边缘具浅圆齿，齿端具腺体。花黄色；花梗细，直立，远较叶为长。花期6—8月。分布于中、高山区；生于山地林下、林缘、草坡或灌丛中。

342. 纤茎堇菜 *Viola tenuissima* Chang

　　草本。叶片呈心形，疏生粗锯齿。花黄色，具纤细的花梗；上方与侧方花瓣长圆形，近等长；下方花瓣较大，长倒卵形，具紫色条纹。花期6—8月。分布于高山区；生于山地林下或阴湿处岩缝中。

343. 滇西堇菜 *Viola weixiensis* C. J. Wang

　　草本。花蓝紫色或白色；下方花瓣匙形，基部呈白色，具紫色条纹。花期 5 月，果期 5—6 月。分布于中山区；生于山坡林下。

344. 云南堇菜 *Viola yunnanensis* W. Beck. et H. de Boiss.

　　草本。叶片长圆形或长圆状卵形，边缘具粗圆齿。花白色或淡红色；下方花瓣较短。花期 3—6 月，果期 8—12 月。分布于中山区；生于山地林下、林缘草地、沟谷或岩石上湿润处。

345. 戟叶秋海棠 *Begonia limprichtii* Irmsch.

　　草本。叶均基生；叶片两侧不相等，轮廓卵形至宽卵形。聚伞花序；花少数，通常白色，稀粉红色。花期6月，果期8月。分布于低、中山区；生于山坡林下、灌丛中阴湿处。

346. 掌裂叶秋海棠 *Begonia pedatifida* Lévl.

　　草本。叶片轮廓扁圆形至宽卵形，4～6深裂；中间3裂片再裂，裂片披针形；两侧裂片再浅裂。花白色或带粉红，二歧聚伞状。花期6—7月，果期10月。分布于低、中山区；生于山坡沟谷、石壁上、林下潮湿处。

347. 一点血 *Begonia wilsonii* Gagnep.

　　草本。叶片轮廓菱形至宽卵形，两侧不等。花粉红色，5～10朵排成2～3回二歧聚伞状。花期8月，果期9月开始。分布于低、中山区；生于山坡林下、沟边石壁上或阴处岩石上。

348. 柳叶旌节花 *Stachyurus salicifolius* Franch.

　　灌木。叶线状披针形。穗状花序；花黄绿色；花瓣4，倒卵形。花期4—5月，果期6—7月。分布于中山区；生于山坡林下、灌丛中。

349. 云南旌节花 *Stachyurus yunnanensis* Franch.

　　灌木。叶椭圆状长圆形至长圆状披针形。总状花序；花序轴呈"之"字形；花瓣4，黄色至白色，倒卵形。花期3—4月，果期6—9月。分布于中山区；生于山坡林下、林缘灌丛中。

350. 尖瓣瑞香 *Daphne acutiloba* Rehd.

灌木。叶长圆状披针形至椭圆状披针形。头状花序顶生；花白色；花萼筒圆筒状，裂片4，长卵形，顶端渐尖。花期4—5月，果期7—9月。分布于中、高山区；生于丛林中。

351. 川西瑞香 *Daphne gemmata* E. Pritz.

灌木。叶倒卵状披针形或倒卵形。短穗状花序；花黄色；花萼长圆筒状，细瘦，裂片 5，卵形或椭圆形。花期 4—9 月，果期 8—12 月。分布于低、中山区；生于山坡草地、灌丛中。

352. 毛瑞香 *Daphne kiusiana* var. *atrocaulis* (Rehd.) F. Maekawa

灌木。叶椭圆形或披针形。头状花序；花白色或淡黄白色；花萼圆筒状，外面下部密被淡黄绿色绒毛，裂片 4。花期 11 月至次年 2 月，果期 4—5 月。分布于低、中山区；生于林边或疏林中阴湿处。

353. 白瑞香 *Daphne papyracea* Wall. ex Steud.

　　灌木。叶长椭圆形、长圆状披针形至倒披针形。头状花序；花白色；花萼筒漏斗状，裂片4，卵状披针形至卵状长圆形。花期11月至次年1月，果期4—5月。分布于中山区；生于林下或灌丛中。

354. 一把香 *Wikstroemia dolichantha* Diels

　　灌木。叶长圆形至倒披针状长圆形。穗状花序组成纤弱的圆锥花序；花黄色；花萼细圆柱形，裂片5。花期7—8月，果期9—11月。分布于中山区；生于山坡草地、灌丛中。

355. 珙桐 *Davidia involucrata* Baill.

　　乔木。叶片阔卵形或近圆形，下面密被淡黄色或淡白色丝状粗毛。两性花与雄花同株，组成头状花序；花瓣状苞片 2～3 枚，矩圆状卵形或矩圆状倒卵形，初淡绿色，继变为乳白色。花期 4 月，果期 10 月。分布于中山区；生于山坡及阔叶林中。

356. 光叶珙桐 *Davidia involucrata* Baill. var. *vilmoriniana* (Dode) Wanger.

本变种与原变种珙桐的区别在于叶下面常无毛，或幼时叶脉上被很稀疏的短柔毛及粗毛，有时下面被白霜。分布区及生境同珙桐，常与珙桐混生。

357. 窄叶木半夏 *Elaeagnus angustata* (Rehd.) C. Y. Chang

灌木。叶片披针形或矩圆状披针形，下面银白色，边缘微波状。花淡白色。果实椭圆形，红色，被鳞片。花期4—5月，果期7—8月。分布于中、高山区；生于向阳而潮湿的灌木林中、溪谷两岸。

358. 披针叶胡颓子 *Elaeagnus lanceolata* Warb

灌木。叶披针形、椭圆状披针形至长椭圆形，下面银白色。伞形总状花序；花淡黄白色；萼筒圆筒形。果实椭圆形，红黄色。花期8—10月，果期次年4—5月。分布于低、中山区；生于山地林中或林缘。

359. 银果牛奶子 *Elaeagnus magna* Rehd.

　　灌木。叶倒卵状矩圆形或倒卵状披针形，上面具白色鳞片，下面灰白色。花银白色，单生叶腋；萼筒圆筒形。果实长椭圆形，成熟时粉红色。花期4—5月，果期6月。分布于低山区；生于山地、林缘、河边向阳处。

360. 星毛胡颓子 *Elaeagnus stellipila Rehd.*

　　灌木。叶宽卵形或卵状椭圆形，两面被白色星状毛。花淡白色，被银白色和散生褐色星状绒毛；萼筒圆筒形。果长椭圆形，红色。花期4—6月，果期7—8月。分布于中山区；生于山坡林下、林缘、灌丛中。

361. 使君子 *Quisqualis indica* L.

　　攀援状灌木。叶片卵形或椭圆形。顶生穗状花序组成伞房花序式；花瓣 5，淡红色、红色；雄蕊 10。花期 6—7 月，果期 10—11 月。分布于低山区；生于林下、灌丛中。

362. 叶底红 *Bredia fordii* (Hance) Diels

　　小灌木、半灌木或近草本。叶片心形、椭圆状心形。伞形花序或聚伞花序；花瓣紫色或紫红色，卵形至广卵形；花药披针形，近90度的膝曲。花期6—8月，果期8—10月。分布于低、中山区；生于林下，溪边、水旁。

363. 异药花 *Fordiophyton faberi* Stapf

草本或亚灌木。伞形花序或聚伞花序顶生；花瓣红色或紫红色，长圆形，外面被疏糙伏毛及小腺点；花药线形，弯曲。花期8—9月，果期10—11月。分布于低、中山区；生于林下、沟边、灌丛、岩石上潮湿处。

364. 地菍 *Melastoma dodecandrum* Lour.

矮小灌木。叶卵形或椭圆形。聚伞花序顶生；叶状总苞2；花瓣淡紫红色至紫红色，菱状倒卵形；雄蕊末端具2小瘤。花期5—7月，果期7—9月。分布于低、中山区；生于山坡、山谷矮灌丛或草丛中。

365. 偏瓣花 *Plagiopetalum esquirolii* (Lévl.) Rehd.

灌木。叶披针形至卵状披针形。伞房花序或组成复伞房花序；花瓣红色至紫色，倒卵形。花期8—9月，果期12月至次年2月。分布于低、中山区；生于林下、林缘、草坡灌丛中。

366. 星毛金锦香 *Osbeckia rhopalotricha* C. Y. Wu ex C. Chen

灌木。叶长圆状披针形至披针形。松散的聚伞花序组成圆锥花序；花瓣红色或紫红色，广卵形；雄蕊花丝较花药短。花期8—11月，果期11月至次年1月。分布中山区；生于山坡疏林缘。

367. 高原露珠草 *Circaea alpina* subsp. *imaicola* (Asch. et Mag.) Kitamura

草本。叶卵形至阔卵形。花序被短腺毛；花瓣白色或粉红色，狭倒卵形至阔倒卵形，先端凹缺。分布于中、高山区；生于沟边湿处，灌丛、林中。

368. 露珠草 *Circaea cordata* Royle

　　草本。植株密被柔毛与腺毛。叶狭卵形至宽卵形。总状花序；花瓣白色，倒卵形至阔倒卵形，先端倒心形，凹缺深。花期6—8月，果期7—9月。分布于低、中、高山区；生于林下。

369. 毛脉柳叶菜 *Epilobium amurense* Hausskn.

　　草本。花序直立；花瓣粉红色、玫瑰色、白色，倒卵形，先端深凹缺；柱头近头状。花期5—8月，果期6～11月。分布于中、高山区；生于山区溪沟、沼泽地、草坡、林缘湿润处。

370. 锐齿柳叶菜 *Epilobium kermodei* Raven

　　草本。叶狭卵状形至披针形。花直立；花瓣玫瑰色或紫红色，宽倒心形，先端深凹缺；柱头头状至宽棍棒状。花期5—7月，果期7—9月。分布于中、高山区；生于草坡、河谷与溪沟旁湿润处。

371. 沼生柳叶菜 *Epilobium palustre* L.

草本。叶近线形至狭披针形。花直立；花瓣白色、粉红色或玫瑰色，倒心形，先端凹缺；柱头近圆柱状。花期6—8月，果期8—9月。分布于中、高山区；生于湖塘、沼泽、河谷、溪沟旁、草地湿润处。

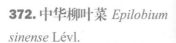

372. 中华柳叶菜 *Epilobium*
sinense Lévl.

草本。叶狭匙形、长圆状披针形或线形。花直立；花瓣白色、粉红或紫红色，倒卵形；柱头头状。花期6—9月，果期8—12月。分布于低、中山区；生于河谷、溪沟及塘边湿地。

373. 喜马拉雅柳兰 *Epilobium speciosum* Decne.

草本。叶狭卵形至披针状椭圆形。总状花序；花瓣紫红色或红色，近圆形或圆状长圆形，先端圆形；柱头白色，4裂。花期8—9月，果期9—10月。分布于高山区；生于流石坡下或石砾地的湿处。

374. 刚毛五加 *Acanthopanax simonii* Schneid.

　　灌木。叶有 5 小叶，稀 3～4。伞形花序组成顶生圆锥花序；花淡绿色；花瓣 5，卵形。果实卵球形，黑色。花期 7—8 月，果期 9—10 月。分布于中、高山区；生于林下、灌丛中。

375. 白簕 *Acanthopanax trifoliatus* (L.) Merr.

　　灌木。叶有3小叶，稀4～5。伞形花组成顶生复伞形花序或圆锥花序；花黄绿色；花瓣5，花时反曲。花期8—11月，果期9—12月。分布于低、中、高山区；生于山坡、林缘和灌丛中。

376. 盘叶掌叶树 *Euaraliopsis palmipes* (Forrest ex W. W. Smith) Hutch.

　　灌木。茎有刺。叶片掌状 8 ～ 11 深裂；裂片长圆形或阔椭圆形。圆锥花序顶生，主轴粗壮；花瓣 5。花期 4—5 月，果期 8—10 月。分布于中山区；生于林中。

377. 马蹄芹 *Dickinsia hydrocotyloides* Franch.

草本。总苞片 2，着生茎顶，叶状，对生，无柄。伞形花序；花瓣白色或草绿色，卵形。花果期 4—10 月。分布于中、高山区；生于阴湿林下或水沟边。

378. 红马蹄草 *Hydrocotyle nepalensis* Hook.

草本。叶圆形或肾形。伞形花序，多个密集成头状花序；花瓣卵形，白色或乳白色，有时有紫红色斑点。花果期5—11月。分布于低、中山区；生于山坡阴湿处、水沟和溪边草丛中。

379. 薄片变豆菜 *Sanicula lamelligera* Hance

草本。花序通常2～4回二歧分枝或2～3叉；小伞形花序有花5～6；花瓣白色、粉红色或淡蓝紫色。花果期4—11月。分布于低、中山区；生于溪边、沟谷、林下湿润处。

380. 峨眉桃叶珊瑚 *Aucuba chinensis* subsp. *omeiensis* (Fang) Fang et Soong

　　小乔木或灌木。叶椭圆形或阔椭圆形。圆锥花序；雄花与雌花均为黄绿色至黄色。果实鲜红色，圆柱状或卵状。花期 1—2 月，果熟期达次年 2 月。分布于中山区；生于林中、林缘。

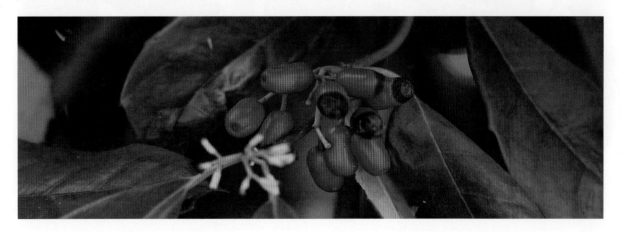

381. 川鄂山茱萸 *Cornus chinensis* Wanger.

乔木。伞形花序；花两性，先叶开放；花瓣 4，黄色，披针形；雄蕊 4，与花瓣互生。花期 4 月，果期 9 月。分布于低、中山区；生于林中、林缘。

382. 头状四照花 *Dendrobenthamia capitata* (Wall.) Hutch.

乔木，稀灌木。叶长圆椭圆形或长圆披针形。头状花序球形；总苞片 4，白色，倒卵形或阔倒卵形。花期 5—6 月，果期 9—10 月。分布于中、高山区；生于林中。

383. 峨眉四照花 *Dendrobenthamia capitata* var. *emeiensis* (Fang et Hsieh) Fang et W. K. Hu

本变种与原变种头状四照花的区别在于叶长椭圆形或长圆椭圆形，先端渐尖、尾状，下面有白色短柔毛；头状花序为 60 ～ 70 朵花组成。分布于中山区；生于林中。

384. 多脉四照花 *Dendrobenthamia multinervosa* (Pojark.) Fang

小乔木或灌木。叶长椭圆形或卵状椭圆形，中脉在上面凹陷，侧脉弓形内弯。头状花序球形；总苞片 4，白色或黄白色。花期 5—6 月，果期 10—11 月。分布于中山区；生于林中。

385. 中华青荚叶 *Helwingia chinensis* Batal.

　　灌木。叶线状披针形或披针形。雄花4～5枚生于叶面中脉中部或幼枝上段，花3～5数；花瓣卵形；雌花1～3枚生于叶面中脉中部；子房卵圆形。花期4—5月，果期8—10月。分布于中山区；生于林下。

386. 西域青荚叶 *Helwingia himalaica* Hook. f. et Thoms. ex C. B. Clarke

　　灌木。叶长圆状披针形、长圆形。雄花绿色带紫，花4数，稀3数；雌花3～4数，柱头3～4裂，向外反卷。花期4—5月，果期8—10月。分布于中、高山区；生于林下。

387. 峨眉青荚叶 *Helwingia omeiensis* (Fang) Hara et Kuros.

　　小乔木或灌木。叶倒卵状长圆形、长圆形。雄花多枚簇生；花紫白色，3～5数；雌花1～6，花绿色。花期3—4月，果期7—8月。分布于中山区；生于林中。

388. 岩须 *Cassiope selaginoides* Hook. f. et Thoms.

　　半灌木。叶硬革质。单花腋生，下垂；花萼5，绿色或紫红色；花冠乳白色，宽钟状，5浅裂。花期4—5月，果期6—7月。多分布于高山区；生于高山灌丛或垫状灌丛草地。

389. 四川白珠 *Gaultheria cuneata* (Rehd. et Wils.) Bean

　　灌木。叶长卵形或长圆状倒卵形。总状花序；花白色，微下垂；花冠坛形，口部5浅裂。花期6—8月，果期8—10月。分布于中山区；生于山坡疏林中。

390. 红粉白珠 *Gaultheria hookeri* C. B. Clarke

　　灌木。叶革质，椭圆形。总状花序；花冠卵状坛形，粉红色或白色。浆果状蒴果球形，紫红色。花期 6 月，果期 7—11 月。分布于中、高山区；生于山脊阳处。

391. 珍珠花 *Lyonia ovalifolia* (Wall.) Drude

　　灌木或小乔木。总状花序；花冠白色，圆筒状，先端浅 5 裂。花期 5—6 月，果期 7—9 月。分布于中、高山区；生于山坡林中。

392. 水晶兰 *Monotropa uniflora* L.

　　腐生草本。全株无叶绿素，白色，肉质。花冠筒状钟形；花瓣 5 ～ 6。花果期 8—11 月。分布于中、高山区；生于山地林下。

393. 问客杜鹃 *Rhododendron ambiguum* Hemsl.

　　灌木。叶椭圆形、卵状披针形或长圆形。伞形或短总状花序顶生，3 ～ 7 花；花冠黄色、淡绿黄色，内面有黄绿色斑点，宽漏斗状；雄蕊不等长。花期 5—6 月，果期 9—10 月。分布于中、高山区；生于灌丛或林地中。

394. 银叶杜鹃 *Rhododendron argyrophyllum* Franch.

　　小乔木或灌木。叶长圆状椭圆形或倒披针状椭圆形。总状伞形花序；花冠钟状，乳白色或粉红色，喉部有紫色斑点，5裂。花期4—5月，果期7—8月。分布于中山区；生于山坡、沟谷的丛林中。

395. 峨 眉 银 叶 杜 鹃 *Rhododendron argyrophyllum* subsp. *omeiense* (Rehd. et Wils.) Chamb. ex Cullen et Chamb.

　　与银叶杜鹃的主要区别在于：叶片较小，下有淡棕色或淡黄色的毛被；花冠钟状基部微宽阔。花期5月。分布于中山区；生于山坡林中。

396. 汶川星毛杜鹃 *Rhododendron asterochnoum* Diels

　　小乔木。叶宽倒披针形、长圆状椭圆形。短总状伞形花序，11～18花；花冠钟形，淡红色至白色，裂片5；雄蕊18～20，不等长。花期5月，果期7—8月。分布于中、高山区；生于山地林中。

397. 毛 肋 杜 鹃 *Rhododendron augustinii* Hemsl.

　　灌木。伞形花序顶生，2～6花；花冠宽漏斗状，淡紫色或白色，5裂至中部；雄蕊不等长，长伸出。花期4—5月，果期7—8月。分布于中山区；生于山谷、山坡林地、灌木丛中或岩石上。

398. 锈红杜鹃 *Rhododendron bureavii* Franch.

灌木。叶片下面密被锈红色至黄棕色毛被。总状伞形花序；花冠钟形，白色带粉红色，花瓣基部具深红色斑，向上具紫色斑点，裂片5，近圆形；雄蕊10，不等长。花期5—6月，果期8—10月。分布于高山区；生于针叶林下或灌丛中。

399. 美容杜鹃 *Rhododendron calophytum* Franch.

　　灌木或小乔木。叶长圆状披针形。短总状伞形花序顶生，花 15 ～ 30；花冠阔钟形，红色或粉红色至白色，内面基部紫红色斑块，裂片 5 ～ 7；雄蕊 15 ～ 22，不等长。花期 4—5 月，果期 9—10 月。分布于中、高山区；生于林下或灌丛中。

400. 尖叶美容杜鹃 *Rhododendron calophytum* var. *openshawianum* (Rehd. et Will.) Chamb. ex Cullen et Chamb.

　　本变种与原种美容杜鹃的区别在于：叶较小而狭窄，先端尾状渐尖；顶生总状伞形花序仅有花 6 ～ 13 朵。分布于中、高山区；生于山地岩边或林中。

401. 毛喉杜鹃 *Rhododendron cephalanthum* Franch.

　　小灌木，半匍匐状或平卧状。花序顶生，5 ～ 10 花密集成头状；花冠狭筒状，白色或粉红至玫瑰色，裂片 5；雄蕊内藏。花期 5—7 月，果期 9—11 月。分布于高山区；生于多石坡地、高山灌丛、草甸。

402. 粗脉杜鹃 *Rhododendron coeloneurum* Diels

　　乔木。伞形花序顶生，花6～9；花冠漏斗状钟形，粉红色至淡紫色，筒部上方具紫色斑点，裂片5；雄蕊10，不等长。花期4—6月，果期7—10月。分布于中山区；生于山坡林中。

403. 秀雅杜鹃 *Rhododendon concinnum* Hemsl.

灌木。伞形花序顶生或枝顶腋生，花 2～5；花冠宽漏斗状，紫红、淡紫或深紫色；雄蕊不等长；花柱细长，伸出花冠。花期 4—6 月，果期 9—10 月。分布于中、高山区；生于山坡灌丛、林中。

404. 腺果杜鹃 *Rhododendron davidii* Franch.

灌木或小乔木。总状花序顶生，花 6～12；花冠阔钟形，玫瑰红色或紫红色，裂片 7～8。花期 4—5 月，果期 7—8 月。分布于中山区；生于山坡、溪谷林中。

405. 大白杜鹃 *Rhododendron decorum* Franch.

灌木或小乔木。总状伞房花序顶生，花 8～10；花冠宽漏斗状钟形，淡红色或白色，裂片7～8；雄蕊 13～17。花期 4—6 月，果期 9—10 月。分布于中、高山区；生于灌丛中或林下。

406. 马缨杜鹃 *Rhododendron delavayi* Franch.

灌木或小乔木。伞形花序顶生，花 10～20；总轴密生红棕色绒毛；花冠钟形，肉质，深红色，内面基部有 5 枚黑红色蜜腺囊，裂片 5；雄蕊 10。花期 5 月，果期 12 月。分布于中、高山区；生于林下或灌丛中。

407. 树生杜鹃 *Rhododendron dendrocharis* Franch.

　　灌木，通常附生。花序顶生；花冠宽漏斗状，鲜玫瑰红色；雄蕊 10，短于花冠。花期 4—6 月，果期 9—10 月。分布于中、高山区；常附生于冷杉或其他树上。

408. 喇叭杜鹃 *Rhododendron discolor* Franch.

　　灌木或小乔木。短总状花序顶生，花6～10；花冠漏斗状钟形，淡红色至白色，裂片7；雄蕊14～16。花期6—7月，果期9—10月。分布于中山区；生于林下或灌丛中。

409. 金顶杜鹃 *Rhododendron faberi* Hemsl.

　　灌木。总状伞形花序顶生，花5～10；花冠钟形，白色至淡红色，内面基部具紫色斑块，上方具紫色斑点，裂片5，圆形；雄蕊10。花期5—6月，果期9—10月。分布于高山区；生于高山石坡灌丛中或冷杉林下。

410. 云锦杜鹃 *Rhododendron fortunei* Lindl.

　　灌木或小乔木。总状伞形花序顶生，花 6～12；花梗绿色；花冠漏斗状，白色或粉红色，裂片 7；雄蕊 14，不等长。花期 4—5 月，果期 8—10 月。分布于低、中山区；生于山脊阳处或林下。

411. 疏叶杜鹃 *Rhododendron hanceanum* Hemsl.

　　灌木。叶卵状披针形至倒卵形。总状花序顶生，花 7～9；花冠漏斗状钟形，白色，5 裂；雄蕊 10。花期 4—5 月，果期 10 月。分布于中山区；生于林下、灌丛中。

412. 岷江杜鹃 *Rhododendron hunnewellianum* Rehd. et Wils.

灌木。总状伞形花序，花 3～7；花冠宽钟状，乳白色至粉红色，筒部有紫色斑点，5 裂；雄蕊 10。花期 4—5 月，果期 7—9 月。分布于中山区；生于山坡、溪边、林中。

413. 不凡杜鹃 *Rhododendron insigne* Hemsl. et Wils.

灌木。总状伞形花序，花 8～11；花冠宽钟状，粉红色或红色，内部有深红色斑块及条纹，5 裂；雄蕊 13～15。花期 5 月，果期 10 月。分布于中山区；生于山沟、溪边的灌木丛中。

414. 乳黄杜鹃 *Rhododendron lacteum* Franch.

　　灌木或小乔木。总状伞形花序顶生，花 15～30；花冠宽钟形，乳黄色，裂片 5；雄蕊 10。花期 4—5 月，果期 9—10 月。分布于高山区；生于林下或灌丛中。

415. 长鳞杜鹃 *Rhododendron longesquamatum* Schneid.

灌木或小乔木。总状伞形花序顶生，花6～12；花冠宽钟形，红色，内面基部有血红色斑块，裂片5；雄蕊10。花期6月，果期9月。分布于中、高山区；生于林下、灌丛中。

416. 黄花杜鹃 *Rhododendron lutescens* Franch.

灌木。花1～3朵顶生或生枝顶叶腋；花冠宽漏斗状，黄色，5裂至中部；雄蕊不等长，长雄蕊伸出花冠很长。花期3—4月。分布于中山区；生于林下湿润处或山坡灌丛中。

417. 麻花杜鹃 *Rhododendron maculiferum* Franch.

　　灌木。总状伞形花序顶生，花7～10；花冠宽钟形，红色至白色，内面基部有深紫色斑块，裂片5；雄蕊10，花药紫黑色。花期5—6月，果期9—10月。分布于中、高山区；生于林中、灌丛、溪谷边。

418. 黄山杜鹃 *Rhododendron maculiferum* subsp. *anhweiense* (Wils.) Chamb. ex Cullen et Chamb.

　　本亚种与原亚种麻花杜鹃的区别在于：叶卵状披针形或卵状椭圆形。花冠白色、黄白色，内面有紫红色斑点。分布于中山区；生于林中、林缘、绝壁上、山谷旁。

419. 亮毛杜鹃 *Rhododendron microphyton* Franch.

　　灌木。伞形花序顶生，花 3～7；花冠管狭圆筒形，裂片5，开展；雄蕊5，伸出于花冠外。花期3—7月，果期7—12月。分布于中、高山区；生于山脊或灌丛中。

420. 宝兴杜鹃 *Rhododendron moupinense* Franch.

灌木，有时附生。花序顶生；花冠宽漏斗状，白色或带淡红色，内有红色斑点；雄蕊 10，不等长。花期 4—5 月，果期 7—10 月。分布于中山区；常附生于林中树上或岩石上。

421. 光亮杜鹃 *Rhododendron nitidulum* Rehd. et Wils.

小灌木。叶椭圆形至卵形，两面被鳞片。花序顶生；花冠宽漏斗状，淡紫色至蓝紫色，裂片开展；雄蕊 8～10，不等长。花期 5—6 月，果期 10—11 月。分布于高山区；生于高山草甸、沟边。

422. 光亮峨眉杜鹃 *Rhododendron nitidulum* var. *omeiense* Philipson et M. N. Philipson

　　本变种与原变种光亮杜鹃的区别为叶下面鳞片除淡褐色外还杂有少数暗褐色鳞片。花果期7—8月。分布于高山区；生于岩坡上。

423. 峨马杜鹃 *Rhododendron ochraceum* Rehd. et Wils.

灌木。短总状伞形花序顶生，花 8～12；花冠宽钟形，深红至深紫红色，裂片 5；雄蕊 10～12，不等长。花期 5—7 月，果期 8—9 月。分布于中、高山区；生于林下、林缘。

424. 团叶杜鹃 *Rhododendron orbiculare* Decne.

灌木或小乔木。叶厚革质，阔卵形至圆形。伞房花序顶生，花 7～8；花冠钟形，红蔷薇色，裂片 7；雄蕊 14，不等长。花期 5—6 月，果期 8—10 月。分布于中、高山区；生于岩石上或针叶林下。

425. 山光杜鹃 *Rhododendron oreodoxa* Franch.

　　灌木或小乔木。总状伞形花序顶生，花 6～12；花冠钟形，淡红色，裂片 7～8；雄蕊 12～14，不等长。花期 4—6 月，果期 8—10 月。分布于中、高山区；生于林下、灌丛中。

426. 云上杜鹃 *Rhododendron pachypodum* Balf. f. et W. W. Smith

　　灌木。花序顶生，花 2～4；花冠宽漏斗状，白色，外面基部带黄色晕，内面有淡黄绿色斑块；雄蕊 10，不等长，长雄蕊伸出花冠。花期 4—5 月。分布于中、高山区；生于山坡灌丛、林下、石山阳处。

427. 绒毛杜鹃 *Rhododendron pachytrichum* Franch.

　　灌木。总状花序顶生，花 7～10；花冠钟形，淡红色至白色，内面上面基部有 1 枚紫黑色斑块，裂片 5；雄蕊 10。花期 4—5 月，果期 8—9 月。分布于中、高山区；生于冷杉林下、林缘。

428. 海绵杜鹃 *Rhododendron pingianum* Fang

　　灌木或小乔木。总状伞形花序，花 12～22；花冠钟状漏斗形，粉红色或淡紫红色，基部较窄，5 裂；雄蕊 10。花期 5—6 月，果期 9—10 月。分布于中山区；生于山坡疏林中。

429. 多鳞杜鹃 *Rhododendron polylepis* Franch.

灌木或小乔木。叶长圆形或长圆状披针形，下面密被褐色鳞片。花序顶生或腋生枝顶，花3～5；花冠宽漏斗状，淡紫红或深紫红色，外面散生鳞片；雄蕊不等长，伸出花冠外。花期4—5月，果期6—8月。分布于中、高山区；生于林中或灌丛中。

430. 腋花杜鹃 *Rhododendron racemosum* Franch.

　　小灌木。叶片长圆形或长圆状椭圆形，上面密被鳞片。花序腋生，花2～3；花冠宽漏斗状，粉红色或淡紫红色；雄蕊10，伸出花冠外。花期3—5月。分布于中、高山区；生于松－栎林下、灌丛、草地、林缘。

431. 大钟杜鹃 *Rhododendron ririei* Hemsl. et Wils.

　　灌木或小乔木。总状伞形花序顶生，花5～10；花冠钟状，淡紫色或紫红色，5～6裂；雄蕊10。花期3—5月，果期6—10月。分布于中山区；生于山坡林下、林缘。

432. 红棕杜鹃 *Rhododendron rubiginosum* Franch.

　　灌木。叶片下面密被锈红色鳞片。伞形花序顶生，花 5～7；花冠宽漏斗状，紫红色、玫瑰红色、淡红色，内有紫红色斑点；雄蕊 10。花期 3—6 月，果期 7—8 月。分布于中、高山区；生于松、杉、栎林下或林缘。

433. 水仙杜鹃 *Rhododendron sargentianum* Rehd. et Wils.

　　小灌木，常匍匐状。叶椭圆形、宽椭圆形或卵形，下面密被鳞片。头状花序顶生，花 5～12；花冠狭管状，淡黄色；雄蕊 5，内藏于花管。花期 5—7 月，果期 10 月。分布于高山区；生于高山崖坡和峭壁陡岩上。

434. 绿点杜鹃 *Rhododendron searsiae* Rehd. et Wils.

　　灌木。短总状花序顶生，花4～8；花冠宽漏斗状，白色或淡红紫色，上方裂片内面有淡绿色斑点；雄蕊不等长，伸出花冠外。花期5—6月，果期9—10月。分布于中、高山区；生于灌丛或林中。

435. 红花杜鹃 *Rhododendron spanotrichum* Balf. f. et W. W. Smith

　　小乔木。总状伞形花序，花7～10；花冠钟状，红色，基部具紫色斑块，5裂；雄蕊10，柱头微膨大。花期3月。分布于中山区；生于常绿阔叶林中。

436. 芒刺杜鹃 *Rhododendron strigillosum* Franch.

　　灌木。短总状伞形花序顶生，花 8～12；花冠管状钟形，深红色，内面基部有黑红色斑块，裂片 5；雄蕊 10；雌蕊柱头紫红色。花期 4—6 月，果期 9—10 月。分布于中、高山区；生于岩石边或冷杉林中。

437. 紫斑杜鹃 *Rhododendron strigillosum* var. *monosematum* (Hutch.) T. L. Ming

　　本变种与原变种芒刺杜鹃的区别在于：叶下面除中脉外其余无毛；花冠钟形，白色或红色。分布于中、高山区；生于林内或灌丛中。

438. 长毛杜鹃 *Rhododendron trichanthum* Rehd.

　　灌木。花序顶生，花 2 ～ 3；花冠宽漏斗状，浅紫、蔷薇红色或白色；雄蕊不等长，长雄蕊伸出花冠外。花期 5—6 月，果期 9 月。分布于中、高山区；生于灌丛和林内。

439. 亮叶杜鹃 *Rhododendron vernicosum* Franch.

灌木或小乔木。总状伞形花序顶生，花 6～10；花冠宽漏斗状钟形，有闷人气味，淡红色至白色，裂片 7；雄蕊 14；雌蕊柱头绿色。花期 4—6 月，果期 8—10 月。分布于中、高山区；生于林中。

440. 圆叶杜鹃 *Rhododendron williamsianum* Rehd. et Wils.

灌木。叶革质，宽卵形或近于圆形。总状伞形花序，花 2～6；花冠宽钟状，粉红色，无斑点，5～6 裂；雄蕊 10～14。花期 4—5 月，果期 8—9 月。分布于中、高山区；生于山坡、岩边的疏林中。

441. 皱皮杜鹃 *Rhododendron wiltonii* Hemsl. et Wils.

灌木。总状伞形花序顶生，花 8 ～ 10；花冠漏斗状钟形，白色至粉红色，内面密布红色斑点，裂片 5；雄蕊 10，花药紫褐色。花期 5—6 月，果期 8—11 月。分布于中、高山区；生于林中或林缘。

442. 康南杜鹃 *Rhododendron wongii* Hemsl. et Wils.

灌木。花序顶生，通常 3 花；花冠较小，漏斗状，乳黄色或黄色；雄蕊不等长；雌蕊花柱细长，长伸出花冠外。花期 5—6 月。分布于高山区；生于灌丛或林地。

443. 云南杜鹃 *Rhododendron yunnanense* Franch.

　　灌木。花序顶生或枝顶腋生，花 3～6；花冠宽漏斗状，白色、淡红色或淡紫色，内面有红、褐红、黄或黄绿色斑点；雄蕊不等长，长雄蕊伸出花冠外。花期 4—6 月。分布于中、高山区；生于山坡林中或灌丛中。

444.雷波杜鹃 *Rhododendron leiboense* Z. J. Zhao

灌木。伞形花序顶生，花2；花冠宽漏斗状，黄色；雄蕊10，不等长。花期5—6月。分布于中山区；生于林中或林缘。

445. 鹿角杜鹃 *Rhododendron latoucheae* Franch.

灌木或小乔木。花单生枝顶叶腋，枝端具花1～4；花冠白色或带粉红色，5深裂，裂片开展，花冠管向基部渐狭；雄蕊10，不等长。花期3—6月，果期7—10月。分布于中山区；生于林内、林缘。

446. 陇蜀杜鹃 *Rhododendron przewalskii* Maxim.

灌木。叶卵状椭圆形至椭圆形。伞房状伞形花序顶生，花 10～15；花冠钟形，白色至粉红色，筒部上方具紫红色斑点，裂片 5，顶端微缺；雄蕊 10。花期 6—7 月，果期 9 月。分布于高山区；生于高山林地，常成林。

447. 月月红 *Ardisia faberi* Hemsl.

　　小灌木或亚灌木。叶卵状椭圆形或披针状椭圆形。亚伞形花序；花瓣白色至粉红色。果球形，红色。花期5—7月，果期6—11月。分布于中山区；生于山谷林下阴湿处、水旁、石缝间。

448. 莲叶点地梅 *Androsace henryi* Oliv.

　　草本。叶基生，圆形至肾圆形。伞形花序，花 12 ～ 40；花冠白色，裂片倒卵状心形。花期 4—5 月，果期 5—6 月。分布于中山区；生于山坡疏林下、沟谷水边和石上。

449. 延叶珍珠菜 *Lysimachia decurrens* Forst. f.

草本。叶片披针形或椭圆状披针形。总状花序顶生；花冠白色或带淡紫色；雄蕊明显伸出花冠外。花期 4—5 月，果期 6—7 月。分布于低、中山区；生于山谷溪边疏林下及草丛中。

450. 宝兴过路黄 *Lysimachia baoxingensis* (Chen et C. M. Hu) C. M. Hu

草本。叶片卵状披针形至披针形。花单生于茎中部和上部叶腋；花冠黄色，裂片椭圆状披针形。花期 6 月，果期 8—9 月。分布于中山区；生于山坡草地和路边。

451. 尖瓣过路黄 *Lysimachia erosipetala* Chen et C. M. Hu

　　草本。叶片密生红色或褐色粒状腺点。总状花序；花冠黄色，裂片先端锐尖或具尾状尖头，有红色腺点。花期 7 月，果期 8—9 月。分布于中山区；生于林缘、灌丛中。

452. 叶苞过路黄 *Lysimachia hemsleyi* Franch.

　　草本。叶片卵状披针形，稀卵形，上面密被小糙伏毛。总状花序；花冠黄色，裂片倒卵状长圆形。花期 7—8 月，果期 8—11 月。分布于中山区；生于山坡灌丛、草地中。

453. **糙毛报春** *Primula blinii* Lévl.

　　草本。叶片具深齿、羽状浅裂至全裂。伞形花序，花 2～10；花冠淡紫红色，裂片倒卵形，先端深 2 裂。花期 6—7 月，果期 8 月。分布于高山区；生于向阳草坡、林缘和高山栎林下。

454. 大叶宝兴报春 *Primula davidii* Franch.

　　草本。叶矩圆形至倒卵状矩圆形，边缘具尖齿。伞形花序，花 2～10；花冠紫蓝色，裂片阔倒卵形，先端具 1 小凹缺。花期 4—5 月。分布于中山区；生于林下、溪旁。

455. 球花报春 *Primula denticulata* Smith

　　草本。叶片矩圆形至倒披针形。花序近头状；花冠蓝紫色或紫红色，裂片倒卵形。花期 4—6 月。分布于高山区；生于山坡草地、水边和林下。

456. 二郎山报春 *Primula epilosa* Craib

　　草本。叶矩圆状倒卵形至矩圆状倒披针形。伞形花序，花 2～5；花冠淡紫蓝色，裂片阔倒卵形，先端 2 裂。花期 4—5 月。分布于中、高山区；生于林缘和阴湿岩石上。

457. 城口报春 *Primula fagosa* Balf. f. et Craib

　　草本。叶倒卵状矩圆形至倒卵状披针形。伞形花序，花 3～7；花冠蓝紫色，裂片阔倒卵形，先端具凹缺。花期 5 月，果期 6 月。分布于中山区；生于林间草地。

458. 宝兴掌叶报春 *Primula heucherifolia* Franch.

草本。叶片轮廓近圆形，掌状 7 ～ 11 浅裂或深裂。伞形花序，花 3 ～ 9；花冠紫红色，裂片倒卵形，先端具深凹缺。花期 6 月。分布于中山区；生于山坡草地阴湿处和岩石上。

459. 等梗报春 *Primula kialensis* Franch.

草本。叶矩圆状倒卵形、椭圆形或近于匙形。伞形花序，花 2 ～ 6；花冠桃红色或淡紫色，裂片倒卵形，先端具深缺刻。花期 4—6 月。分布于中山区；生于山坡草地、岩上。

460. 宝兴报春 *Primula moupinensis* Franch.

　　草本。叶矩圆状倒卵形至倒卵形。伞形花序，花 5～6，稀仅 2～4 花；花冠淡蓝色与淡玫瑰红色，裂片阔倒卵形，先端具深凹缺。花期 4 月，果期 5 月。分布于中、高山区；生于阴湿的沟谷和林下。

461. 鄂报春 *Primula obconica* Hance

　　草本。叶卵圆形、椭圆形或矩圆形。花葶被白毛；伞形花序，花 2～13；花冠玫瑰红色，稀白色，冠筒喉部具环状附属物，裂片倒卵形，先端 2 裂。花期 3—6 月。分布于低、中山区；生于林下、水沟边和湿润岩石上。

462. 齿萼报春 *Primula odontocalyx* (Franch.) Pax

草本。叶矩圆状或倒卵状匙形。单花顶生，或伞形花序有花 2～5 朵；花冠蓝紫色或淡红色，冠筒口周围白色，喉部具环状附属物，裂片倒卵形。花期 3—5 月，果期 6—7 月。分布于中、高山区；生于山坡草丛中和林下。

463. 迎阳报春 *Primula oreodoxa* Franch.

草本。叶矩圆形或卵状椭圆形。伞形花序，花 2～10；花冠桃红色，冠筒喉部具环状附属物，裂片倒卵形，先端具深凹缺。花期 4—5 月。分布于中山区；生于林下及溪边。

464. 卵叶报春 *Primula ovalifolia* Franch.

　　草本。叶阔椭圆形、长圆状椭圆形或阔倒卵形。伞形花序，花 2～9；花冠紫色或蓝紫色，喉部具环状附属物，裂片倒卵形，先端深凹缺。花期 3—4 月，果期 5—6 月。分布于低、中山区；生于林下和山谷阴处。

465. 粉背灯台报春 *Primula pulverulenta* Duthie

　　草本。叶椭圆形至椭圆状倒披针形。花葶具伞形花序 3～4 轮，每轮具 4～12 花；花冠紫红色，裂片倒卵形，先端具深凹缺。花期 5—6 月。分布于中山区；生于山坡草地和林下。

466. 偏花报春 *Primula secundliflora* Franch.

　　草本。叶片矩圆形、狭椭圆形或倒披针形。花葶顶端被白色粉；伞形花序有花 5～10，有时出现第 2 轮花序；花冠红紫色至深玫瑰红色。花期 6—7 月，果期 8—9 月。分布于高山区；生于沟边、河滩地、高山沼泽和湿草地。

467. 樱草 *Primula sieboldii* E. Morren

　　草本。叶片卵状矩圆形至矩圆形。伞形花序，花 5 ～ 15；花冠紫红色至淡红色，稀白色，裂片倒卵形，先端 2 深裂。花期 5 月，果期 6 月。分布于低山区；生于林下阴湿处。

468. 铁梗报春 *Primula sinolisteri* Balf. f.

　　草本。叶阔卵圆形至近圆形。伞形花序，花 2 ～ 8；花冠外面被短柔毛，白色或淡红色，冠筒口周围黄色，裂片倒卵形，先端 2 裂。花期 2—8 月。分布于中、高山区；生于石质草坡和疏林下。

469. 苣叶报春 *Primula sonchifolia* Franch.

草本。叶矩圆形至倒卵状矩圆形。伞形花序，3 至多花；花冠蓝色至红色，稀白色，裂片倒卵形或近圆形，顶端通常具小齿。花期 3—5 月，果期 6—7 月。分布于高山区；生于高山草地和林缘。

470. 峨眉苣叶报春 *Primula sonchifolia* subsp. *emeiensis* C. M. Hu

本亚种与原亚种苣叶报春的区别在于：叶羽状分裂，裂深可达叶片每侧的 2/3；花冠裂片倒卵状矩圆形至椭圆形。分布于中、高山区；生于林下和山坡草地。

471. 川西遂瓣报春 *Primula veitchiana* Petitm.

　　草本。叶片近圆形至稍呈扁圆形。伞形花序，花 2～6；花冠淡蓝紫色，裂片倒卵形，先端 2 裂，小裂片具小齿或呈撕裂状。花期 4 月，果期 6 月。分布于中山区；生于林下和岩石上。

472. 三齿卵叶报春 *Primula tridenatifera* Chen et C. M. Hu

　　草本。叶倒卵形至倒卵状矩圆形。伞形花序，花 5 ～ 9；花萼裂片先端有 3 个具胼胝质尖头的小齿；花冠紫色，裂片倒卵形。花期 5 月，果期 6 月。分布于中、高山区；生于山谷林下和有滴水的岩石上。

473. 云南报春 *Primula yunnanensis* Franch.

　　草本。叶片椭圆形、倒卵状椭圆形或匙形。单花，或伞形花序有花 2 ～ 5；花冠玫瑰红色至堇蓝色，冠筒口周围黄白色或白色，裂片阔倒卵形，先端具深凹缺。花期 6 月。分布于高山区；生于山坡岩上。

474. 蓝雪花 *Ceratostigma plumbaginoides* Bunge

　　草本。叶宽卵形或倒卵形。花序生于枝端和上部叶腋；花冠筒部紫红色，裂片蓝色，倒三角形。花期7—9月，果期8—10月。分布于低、中山区；生于山坡草丛、灌丛中。

475. 薄叶山矾 *Symplocos anomala* Brand.

小乔木或灌木。叶狭椭圆形、椭圆形或卵形。总状花序；花冠白色，5 深裂；雄蕊约 30。花果期 4—12 月。分布于中山区；生于山地林中。

476. 光叶山矾 *Symplocos lancifolia* Sieb. et Zucc.

　　小乔木。叶卵形至阔披针形。穗状花序；花冠淡黄色，5 深裂，裂片椭圆形；雄蕊约 25。花期 3—11 月，果期 6—12 月。分布于低、中山区；生于林中。

477. 光亮山矾 *Symplocos lucida* (Thunberg) Siebold et Zuccarini

小乔木。叶长圆形或狭椭圆形。穗状花序缩短呈团伞状；花冠白色，5深裂；雄蕊30～40。花期3—4月，果期5—6月。分布于低、中山区；生于山坡林中。

478. 木瓜红 *Rehderodendron macrocarpum* Hu

　　小乔木。叶长卵形、椭圆形或长圆状椭圆形。总状花序；花白色；花冠裂片椭圆形或倒卵形。花期3—4月，果期7—9月。分布于中山区；生于林中。

479. 垂珠花 *Styrax dasyanthus* Perk.

乔木。叶倒卵形、倒卵状椭圆形或椭圆形。总状花序或圆锥花序；花白色；花萼杯状；花冠长圆形至长圆状披针形。花期3—5月，果期9—12月。分布于低、中山区；生于山坡及溪边林中。

480. 粉花安息香 *Styrax roseus* Dunn

小乔木。叶椭圆形、长椭圆形或卵状椭圆形。总状花序；花白色，有时粉红色；花萼杯状；花冠裂片倒卵状椭圆形；雄蕊较花冠稍短。花期7—9月，果期9—12月。分布于中山区；生于林中。

481. 清香藤 *Jasminum lanceolaria* Roxburgh

　　攀援灌木。三出复叶；小叶片卵形至披针形。复聚伞花序排列呈圆锥状；花萼筒状；花冠白色，高脚碟状。分布于中山区；生于山坡灌丛、山谷林中。

482. 紫药女贞 *Ligustrum delavayanum* Hariot

　　灌木。叶椭圆形或卵状椭圆形。圆锥花序；花冠白色；花药紫色；花柱藏于花冠管内。花期5—7月，果期7—12月。分布于中、高山区；生于山坡灌丛、林下。

483. 短丝木樨 *Osmanthus serrulatus* Rehd.

灌木或小乔木。叶倒卵状披针形至椭圆形。总状花序；花冠白色，裂片深达基部；花丝极短；花药黄色。花期4—5月，果期11—12月。分布于中山区；生于山坡林中和灌丛中。

484. 西蜀丁香 *Syringa komarowii* Schneid.

灌木。叶片卵状长圆形至长圆状披针形。圆锥花序长圆柱形至塔形；花冠外面紫红色、红色或淡紫色，内面白色或带白色，呈漏斗状。花期5—7月，果期7—10月。分布于中山区；生于山坡、山谷灌丛中或林中。

485. 垂丝丁香 *Syringa komarowii* var. *reflexa* (Schneid.) Jien ex M. C. Chang

　　本变种与原变种西蜀丁香的区别在于：花冠颜色较浅，花冠管较细，花冠裂片常成直角开展。花期5—6月，果期7—10月。分布于中、高山区；生于山坡灌丛、林缘或水沟边林下。

486. 四川丁香 *Syringa sweginzowii* Koehne et Lingelsh.

　　灌木。叶片卵形、卵状椭圆形至披针形。圆锥花序，直立；花冠淡红色、淡紫色或桃红色至白色；花冠管细，近圆柱形；裂片与花冠管呈直角开展。花期4—6月，果期9—10月。分布于中山区；生于山坡灌丛、林中、沟边。

487. 巴东醉鱼草 *Buddleja albiflora* Hemsl.

　　灌木。叶披针形、长圆状披针形或长椭圆形。圆锥状聚伞花序顶生；花冠淡紫色，后变白色，喉部橙黄色。花期 2—9 月，果期 8—12 月。分布于低、中山区；生于山地灌丛、林缘。

488. 金沙江醉鱼草 *Buddleja nivea* Duthie

　　灌木。叶椭圆形、披针形或卵状披针形。穗状聚伞花序；花冠紫色，圆筒状，内被柔毛和星状毛，喉部毛较密。花期 6—9 月，果期 10 月至次年 2 月。分布于中、高山区；生于山坡林中、山谷灌丛中。

489. 喉毛花 *Comastoma pulmonarium* (Turcz.) Toyokuni

　　草本；茎生叶无柄，卵状披针形。单花顶生或聚伞花序；花淡蓝色，具深蓝色纵纹；花冠圆筒形，先端浅裂，喉部具一圈白色副冠。花果期 7—11 月。分布于高山区；生于草地、林下、灌丛及高山草甸。

490. 披针叶蔓龙胆 *Crawfurdia delavayi* Franch.

　　缠绕草本。茎上部螺旋状扭转。叶披针形。花单生或对生；花冠粉紫色、紫色或蓝色，钟形，上部开展，裂片宽三角形。花果期 9—11 月。分布于高山区；生于林下或竹林中。

491. 鳞叶龙胆 *Gentiana squarrosa* Ledeb.

　　小草本。茎枝铺散。茎生叶小，倒卵状匙形或匙形。花单生于枝顶；花冠蓝色，筒状漏斗形，裂片卵状三角形。花果期4—9月。分布于中、高山区；生于河滩、灌丛及高山草甸。

492. 西南獐牙菜 *Swertia cincta* Burk.

　　草本。叶片披针形或椭圆状披针形。圆锥状复聚伞花序；花5数，下垂；花冠黄绿色，基部环绕着一圈紫晕，裂片卵状披针形。花果期8—11月。分布于中、高山区；生于潮湿山坡、灌丛、林下。

493. 鄂西獐牙菜 *Swertia oculata* Hemsl.

　　草本。叶线状披针形至线形。圆锥状复聚伞花序；花 4～5 数；花冠白色，裂片上半部具褐色小斑点，中部具 2 个黄绿色大腺斑。花果期 8—9 月。分布于中山区；生于山坡、灌丛。

494. 峨眉双蝴蝶 *Tripterospermum cordatum* (Marq.) H. Smith

　　缠绕草本。茎螺旋状扭转。叶心形、卵形或卵状披针形。花单生或对生，有时 2～6 朵呈聚伞花序；花冠紫色，钟形，裂片卵状三角形。花果期 8—12 月。分布于中、高山区；生于山地林下、林缘、灌丛中。

495.醉魂藤 *Heterostemma alatum* Wight.

攀援木质藤本。叶宽卵形或长卵圆形。伞形状聚伞花序；花冠黄色、棕黄色，辐状；副花冠5，星芒状。花期4—9月，果期6月至次年2月。分布于中山区；生于山谷水旁、林中阴湿处。

萝藦科 | **Asclepiadaceae**

496. 长叶吊灯花 *Ceropegia dolichophylla* Schltr.

缠绕草质藤本。叶线状披针形。花单生或2～7朵集生；花冠褐红色，裂片顶端粘合；副花冠2轮。花期7—8月，果期9月。分布于低、中山区；生于山地林中。

497. 豹药藤 *Cynanchum decipiens* Schneid.

攀援灌木。茎灰白色，被微毛。叶卵圆形。伞形或伞房状聚伞花序；花冠白色或水红色，开展，裂片长圆形；副花冠2轮。花期5—7月，果期7—10月。分布于中、高山区；生于山坡、沟谷灌丛中或林中向阳处。

498. 青蛇藤 *Periploca calophylla* (Wight) Falc.

藤状灌木。叶椭圆状披针形。聚伞花序；花冠黄色、紫色，辐状，内面被白色柔毛；副花冠环状，其中5裂延伸为丝状，被长柔毛。花期4—5月，果期8—9月。分布于低山区；生于山谷林中。

499. 苦绳 *Dregea sinensis* Hemsl.

　　攀援木质藤本。叶卵状心形或近圆形。伞形状聚伞花序；花冠内面紫红色，外面白色，辐状，裂片卵圆形；副花冠裂片肉质，肿胀。花期4—8月，果期7—10月。分布于低、中山区；生于山地疏林、灌丛中。

500. **大果琉璃草** *Cynoglossum divaricatum* Steph. ex Lehm.

草本。茎中部及上部叶无柄，狭披针形。圆锥状花序疏松；花冠蓝紫色，裂片卵圆形，喉部有 5 个梯形附属物。花期 6—7 月，果期 8 月。分布于低、中山区；生于山坡、草地、石滩。

501. **小花琉璃草** *Cynoglossum lanceolatum* Forsk.

草本。茎上部叶小。花序分枝钝角叉状分开；花冠淡蓝色，钟状，喉部有 5 个半月形附属物。花果期 4—9 月。分布于低、中山区；生于山坡草地及路边。

502. 微孔草 *Microula sikkimensis* (Clarke) Hemsl.

草本。中部以上叶狭卵形或宽披针形；花冠蓝色或蓝紫色，裂片近圆形，喉部附属物低梯形或半月形。花期5—9月。分布于中、高山区，生山坡草地、灌丛、林边、河边多石地。

503. 盾果草 *Thyrocarpus sampsonii* Hance

草本。基生叶丛生，匙形。花冠淡蓝色或白色，裂片近圆形，开展，喉部附属物线形，肥厚，有乳头突起。花果期5—7月。分布于低山区；生于山坡草丛或灌丛。

504. 峨眉附地菜 *Trigonotis omeiensis* Matsuda

草本。茎生叶较小，具短柄。花序梗密生糙伏毛；花冠蓝紫色，裂片近圆形，喉部附属物5，小而薄。花果期5—7月。分布于中山区；生于山地林下、灌丛、溪边、沟旁等较阴湿处。

505. 金疮小草 *Ajuga decumbens* Thunb.

　　草本。全株被长柔毛。叶匙形或倒卵状披针形。轮伞花序排列成穗状花序；花冠淡蓝色或淡红紫色。花期3—7月，果期5—11月。分布于低、中山区；生于溪边、路旁及湿润的草坡。

506. 三花莸 *Caryopteris terniflora* Maxim.

　　亚灌木。叶片卵圆形至长卵形。聚伞花序，常3花；花冠紫红色或淡红色，二唇形，下唇中裂片较大，圆形。花果期6—9月。分布于低、中山区；生于山坡、平地或水沟边。

507. 细风轮菜 *Clinopodium gracile* (Benth.) Matsum.

　　草本。轮伞花序；花冠白至紫红色，下唇3裂，中裂片较大。花期6—8月，果期8—10月。分布于低、中山区；生于路旁，沟边，草地，林缘，灌丛中。

508. 长梗风轮菜 *Clinopodium longipes* C. Y. Wu et Hsuan ex H. W. Li

　　草本。轮伞花序，花 2～8；花萼管紫红色；花冠浅紫红色。花期 5—7 月，果期 8—11 月。分布于低山区；生于山坡草丛、溪旁。

509. 海州香薷 *Elsholtzia splendens* Nakai ex F. Maekawa

　　草本。穗状花序，偏向一侧；花冠玫瑰红紫色；雄蕊伸出花冠。花果期 7—11 月。分布于低山区；生于山坡路旁或草丛中。

510. 鼬瓣花 *Galeopsis bifida* Boenn.

　　草本。茎节上密被多节长刚毛。轮伞花序；花冠白、黄或粉紫红色，中裂片长圆形，具紫纹。花期 7—9 月，果期 9 月。分布于中、高山区；生于林缘、路旁、田边、灌丛、草地。

511. 宝盖草 *Lamium amplexicaule* L.

　　草本。轮伞花序，花 6～10；花冠紫红或粉红色，冠筒细长。花期 3—5 月，果期 7—8 月。分布于中、高山区；生于路旁、林缘、沼泽草地，或为田间杂草。

512. 野芝麻 *Lamium barbatum* Sieb. et. Zucc.

　　草本。植株各部具长硬毛。轮伞花序着生于茎端；花冠白或浅黄色；上唇较长，倒卵形或长圆形。花期4—6月，果期7—8月。分布于中山区；生于路边、溪旁、田埂及荒坡。

513. 肉叶龙头草 *Meehania faberi* (Hemsl.) C. Y. Wu

　　草本。花成对组成假总状花序；花冠紫或粉红色；冠筒管状，冠檐二唇形，下唇增大，3裂。花期7—9月，果期9—10月。分布于中山区；生于混交林内。

514. 华西龙头草 *Meehania fargesii* (Lévl.) C. Y. Wu

　　草本。花成对着生，有时为轮伞花序；花冠淡红至紫红色；冠筒管状，冠檐二唇形，下唇伸长，3裂，中裂片近圆形，边缘波状。花期4—6月，果期7—10月。分布于中、高山区；生于林下荫处。

515. 龙头草 *Meehania henryi* (Hemsl.) Sun ex C. Y. Wu

　　草本。聚伞花序组成假总状花序；花冠淡红紫或淡紫色；冠筒管状，冠檐二唇形，下唇伸长，3裂，中裂片扇形。花期9月，果期9—11月。分布于低、中山区；生于林下。

516. 荨麻叶龙头草 *Meehania urticifolia* (Miq.) Makino

　　草本。轮伞花序，稀成对组成假总状花序；花冠淡蓝紫色至紫红色；冠筒管状，冠檐二唇形，下唇伸长，3裂，中裂片扇形，顶端微凹。花期5—6月，果期6月。分布于低、中山区；生于林下苔藓中阴湿处。

517. 蜜蜂花 *Melissa axillaris* (Benth.) Bakh. f.

　　草本。轮伞花序；花冠白色或淡红色；冠檐二唇形，上唇直立，下唇开展，3裂，中裂片较大。花果期6—11月。分布于低、中山区；生于路旁、山地、山坡、谷地。

518. 宝兴冠唇花 *Microtoena moupinensis* (Franch.) Prain

　　草本。聚伞花序组成顶生圆锥花序。花冠浅黄色或白色；冠檐二唇形，上唇盔状，下唇椭圆形，先端 3 裂。花期 8—9 月，果期 9—11 月。分布于中山区；生于山坡草地及林缘。

519. 小鱼仙草 *Mosla dianthera* (Buch.-Ham.) Maxim.

　　草本。总状花序；花冠淡紫色；冠檐二唇形，上唇微缺，下唇 3 裂，中裂片较大。花果期 5—11 月。分布于低、中山区；生于山坡、路旁或水边。

520. 大花糙苏 *Phlomis megalantha* Diels

　　草本。轮伞花序；花冠淡黄、蜡黄至白色；冠檐二唇形，上唇被髯毛，下唇较大，中裂片边缘波状。花期6—7月，果期8—11月。分布于中、高山区；生于冷杉林下或灌丛草坡。

521. 美观糙苏 *Phlomis ornata* C. Y. Wu

　　草本。轮伞花序；花冠暗紫色；冠檐二唇形，外面密被绢状短绒毛，上唇先端尖嘴状，下唇3圆裂，中裂片扁圆形。花期6—9月，果期7—11月。分布于高山区；生于冷杉林下或草地。

522. 具梗糙苏 *Phlomis pedunculata* Sun ex C. H. Hu

　　草本。轮伞花序；花冠白色或微带浅紫色；冠檐二唇形，上唇外面密被绢状长柔毛，下唇3圆裂，中裂片较大。花期7—8月，果期8—10月。分布于中、高山区；生于灌丛或草坡。

523. 糙苏 *Phlomis umbrosa* Turcz.

　　草本。轮伞花序；花冠浅粉红色；冠檐二唇形，上唇外被绢状柔毛，下唇深紫红色，常具红色斑点。花期6—9月，果期9月。分布于中、高山区；生于林下或草坡。

524. 腺花香茶菜 *Rabdosia adenantha* (Diels) Hara

　　半木质草本。聚伞花序组成顶生总状花序；花冠蓝、紫、淡红至白色；冠檐二唇形，上唇先端具4圆裂。花期6—8月，果期7—9月。分布于中、高山区；生于林下或林缘草地。

525. 毛萼香茶菜 *Rabdosia eriocalyx* (Dunn) Hara

　　草本或灌木。聚伞花序组成穗状圆锥花序；花冠淡紫或紫色；冠筒基部具浅囊状突起；雌雄蕊内藏。花期7—11月，果期11—12月。分布于低、中山区；生于山坡阳处，灌丛。

526. 拟缺香茶菜 *Rabdosia excisoides* (Sun ex C. H. Hu) C. Y. Wu et H. W. Li

　　草本。聚伞花序组成总状圆锥花序；花冠白、淡红、淡紫至紫蓝色；冠筒基部浅囊状，冠檐二唇形，上唇外反。花期7—9月，果期8—10月。分布于中、高山区；生于草坡、沟边、荒地、疏林下。

527. 扇脉香茶菜 *Rabdosia flabelliformis* C. Y. Wu

　　草本。聚伞花序组成圆锥花序；花冠蓝色；冠筒基部浅囊状突起，冠檐二唇形，上唇先端具4圆裂，下唇圆形，内凹，舟形。花果期9—10月。分布于中山区；生于林下。

528. 线纹香茶菜 *Rabdosia lophanthoides* (Buch.-Ham. ex D. Don) Hara

草本。聚伞花序组成圆锥花序；花冠白色或粉红色；冠檐二唇形，上唇具紫色斑点，外反，4深圆裂；雄蕊、花柱长伸出花冠。花果期8—12月。分布于低、中山区；生于沼泽地或林下潮湿处。

529. 开萼鼠尾草 *Salvia bifidocalyx* C. Y. Wu et Y. C. Huang

草本。轮伞花序组成总状或总状圆锥花序；花冠黄褐色，下唇有紫黑色斑点；冠檐二唇形，上唇外被短柔毛及紫黑色腺点，下唇3裂，中裂片最大，倒心形。花期7月。分布于高山区；生于山坡草丛、石山上。

530. 贵州鼠尾草 *Salvia cavaleriei* Levl.

　　草本。轮伞花序组成顶生总状或总状圆锥花序；花冠蓝紫或紫色，冠檐二唇形，上唇长圆形，下唇3裂，中裂片倒心形。花期7—9月。分布于低、中山区；生于山坡上、林下、水沟边。

531. 华鼠尾草 *Salvia chinensis* Benth.

　　草本。轮伞花序组成顶生总状或总状圆锥花序；花冠淡蓝紫或淡紫色；冠檐二唇形，上唇长圆形，下唇3裂，中裂片倒心形，向下弯。花期8—10月。分布于低山区；生于林荫处或草丛中。

532. 犬形鼠尾草 *Salvia cynica* Dunn

草本。花冠黄色；冠檐二唇形，上唇长圆形，直伸，下唇平展，3裂，中裂片较大，倒心形，边缘浅波状。花期7—8月。分布于中、高山区；生于林下、路旁、沟边等处。

533. 瓦山鼠尾草 *Salvia himmelbaurii* Stib.

草本。轮伞花序组成总状或总状圆锥花序；花冠紫色或白色，檐部常带紫斑或为黄色；冠檐二唇形，上唇直伸，下唇3深裂，中裂片近圆形。花期6—7月。分布于高山区；生于草坡或路边。

534. 峨眉鼠尾草 *Salvia omeiana* Stib.

　　草本。轮伞花序组成总状圆锥花序；花冠黄色；冠檐二唇形，上唇阔卵圆形，先端稍微凹，下唇较长，3裂，中裂片最大，倒心形。花期7—9月。分布于中、高山区；生于林缘、山坡或路旁。

535. 甘西鼠尾草 *Salvia przewalskii* Maxim.

　　草本。轮伞花序组成总状或总状圆锥花序；花冠紫红色；冠檐二唇形，上唇长圆形，下唇3裂，中裂片倒卵圆形。花期5—8月。分布于中、高山区；生于林缘、路旁、沟边、灌丛中。

536. 黄鼠狼花 *Salvia tricuspis* Franch.

　　草本。轮伞花序组成总状或总状圆锥花序；花冠黄色；冠檐二唇形，上唇长圆形，下唇3裂，中裂片边缘波状。花期7—9月，果期9—10月。分布于中、高山区；生于山脚、河岸、沟边、草地及路旁。

537. 直萼黄芩 *Scutellaria orthocalyx* Hand.-Mazz.

　　草本。花序总状顶生；花冠紫至蓝紫色；冠筒近基部前方膝曲；冠檐二唇形，上唇盔状，下唇中裂片卵圆形。花期5—8月，果期8—10月。分布于中、高山区；生于草坡、林中。

538. 四裂花黃芩 *Scutellaria quadrilobulata* Sun ex C. H. Hu

草本。总状花序；花冠黄色，有紫色条纹；冠檐二唇形，上唇小，扁圆形，下唇中裂片梯形，蝶形相等 4 小裂。花期 6—8 月。分布于中、高山区；生于山地林下或草坡上。

539. 红茎黃芩 *Scutellaria yunnanensis* Lévl.

草本。总状花序；花冠筒部白色但冠檐紫红色；冠檐二唇形，上唇盔状，直伸，卵圆形，下唇中裂片三角状卵圆形。花期 4 月，果期 5 月。分布于中山区；生于山地林下或山谷沟边。

540. 西南水苏 *Stachys kouyangensis* (Vaniot) Dunn

　　草本。轮伞花序，花5～6，组成穗状花序；花冠浅红至紫红色；冠筒近等粗；冠檐二唇形，上唇直伸，下唇平展，3裂。花果期7—11月。分布于中山区；生于山坡草地、旷地及潮湿沟边。

541. 狭齿水苏 *Stachys pseudophlomis* C. Y. Wu

　　草本。轮伞花序，花2～6；花冠紫色或红色；冠檐二唇形，上唇直伸，下唇水平展开，3裂。花期7—8月。分布于低、中山区；生于林下。

542. 黄果茄 *Solanum xanthocarpum* Schrad. et Wendl.

　　草本。叶卵状长圆形，边缘 5 ～ 9 裂或羽状深裂，裂片边缘波状。聚伞花序；花蓝紫色。浆果球形，淡黄色。花期 1—5 月，果期 7—8 月。分布于低山区；生于干旱河谷沙滩上。

543. 匍茎通泉草 *Mazus miquelii* Makino

　　草本。总状花序；花冠紫色或白色而有紫斑；上唇短而直立，下唇中裂片较小，倒卵圆形。分布于低山区；生于潮湿的路旁、荒地、林中。

544. 勾酸浆 *Mimulus tenellus* Bunge

　　草本。花单生叶腋；花萼圆筒形，果期肿胀成囊泡状；花冠漏斗状，黄色，喉部有红色斑点。花果期6—9月。分布于低、中山区；生于水边、林下湿地。

545. 宽叶沟酸浆 *Mimulus tenellus* var. *platyphyllus* (Fr.) Tsoong

　　本变种与原变种勾酸浆的区别在于：叶脉为掌状，叶较宽大，中部以上具粗锯齿。分布于中山区；生于林下、路旁。

546. 康泊东叶马先蒿 *Pedicularis comptoniaefolia* Franch.

　　草本。叶 4 枚轮生；叶片线形，羽状开裂。花冠粉红色至深红色；花冠管向前弯曲；盔额部直角向下，下唇略长于盔，宽卵形。花期 7—9 月。分布于中、高山区；生于草坡与草滩中。

547. 扭盔马先蒿 *Pedicularis davidii* Franch.

　　草本。总状花序顶生，伸长；花冠紫色、红色、白色；花冠管伸直，盔的直立部分在自身轴上扭旋两整转，扭折，细长的喙卷成半环形或 S 形。花期 6—8 月，果期 8—9 月。分布于中、高山区；生于沟边、路旁及草坡上。

548. 条纹马先蒿 *Pedicularis lineata* Franch. ex Maxim.

　　草本。总状花序在植株上部集成短穗状花序；花冠紫红色；管纤细，向前上方膝屈，盔前额斜下，前缘之端稍凸出，下唇宽大，倒卵形。花期6—7月。分布于中、高山区；生于林中或草地。

549. 膜叶马先蒿 *Pedicularis membranacea* Li

　　草本。叶均茎出；叶片羽状全裂，裂片4～8对。花单生，红色；花冠管长，盔以直角转折，再渐细为伸直的喙，下唇宽大，3裂。花期6—7月。分布于中山区；生于林下或岩石上。

550. 法且利亚叶马先蒿 *Pedicularis phaceliaefolia* Franch.

　　草本。花序多少头状而密；花冠黄白色；盔粗短，向前直角伸出，下唇3裂，中裂片圆形，较小。花期6—8月，果期9—10月。分布于中、高山区；生于阴湿的灌丛、沟边。

551. 大王马先蒿 *Pedicularis rex* C. B. Clarke ex Maxim.

　　草本。茎直立。叶柄膨大，与同轮中叶柄结合成斗状。总状花序；花冠黄色；盔先端有细齿1对，下唇以锐角开展，中裂小。花期6—8月，果期8—9月。分布于中、高山区；生于山坡草地、山谷、林中空地。

552. 草甸马先蒿 *Pedicularis roylei* Maxim.

　　草本。总状花序，常紧密而呈头状；花冠淡红色、紫红色；花管上方膝屈；盔几直立而向上前方倾斜，略作镰状，额高凸，有鸡冠状凸起。花期7—8月，果期8—9月。分布于高山区；生于高山湿草甸中。

553. 光叶蝴蝶草

Torenia glabra Osbeck

　　草本。伞形花序或花单生；花冠紫红色或蓝紫色；花萼具下延的翅。花果期5月至次年1月。分布于低、中山区；生于山坡、路旁或阴湿处。

554. 华中婆婆纳 *Veronica henryi* Yamazaki

　　草本。茎直立，常红紫色。总状花序；花冠白色或淡红色，具紫色条纹。花期4—5月。分布于低、中山区；生于山坡阴湿地、水沟边。

555. 多枝婆婆纳 *Veronica javanica* Blume

　　草本。茎多分枝，侧枝常倾卧上升。花冠白色、粉色或紫红色；雄蕊约为花冠一半长。花期2—4月。分布于低、中山区；生于山坡、路边、溪边的湿草丛中。

556. 疏花婆婆纳 *Veronica laxa* Benth.

　　草本。植株被白色柔毛。总状花序；花冠辐状，紫色或蓝色。花期6月。分布于中山区；生于沟谷阴处或山坡林下。

557. 阿拉伯婆婆纳 *Veronica persica* Poir.

　　草本。茎密生两列多细胞柔毛。总状花序；花梗比苞片长；花冠蓝色、紫色或蓝紫色，裂片卵形至圆形。花期3—5月。分布于低山区；生于路边及荒野。

558. 小婆婆纳 *Veronica serpyllifolia* L.

　　草本。茎多支丛生。总状花序，被腺毛；花冠蓝色、紫色或紫红色。花期4—6月。分布于中、高山区；生于湿草甸。

559. 川西婆婆纳 *Veronica sutchuenensis* Franch.

　　草本。植株被灰白色柔毛。总状花序；花冠粉红色，裂片倒卵形至圆形。花期 5—6 月。分布于中山区；生于林中或山坡草地。

560. 四川婆婆纳 *Veronica szechuanica* Batal.

　　草本。叶片卵形。总状花序极短；花冠白色，少淡紫红色，裂片卵形至圆卵形。花期 7 月。分布于中、高山区；生于山坡草地、林缘或林下。

561. 黄花直瓣苣苔 *Ancylostemon gamosepalus* K. Y. Pan

　　草本。叶片卵形。聚伞花序；花冠筒状，橙黄色；檐部二唇形，上唇 2 浅裂，下唇 3 深裂，裂片倒卵形。花期 6 月。分布于中山区；生于阴湿岩石上。

562. 四川石蝴蝶 *Petrocosmea sichuanensis* Chun ex W. T. Wang

　　草本。叶片卵形或宽卵形，两面被柔毛。花冠紫蓝色，细圆筒状；檐部二唇形。花期 6 月。分布于中山区；生于山谷坡地砂石滩、岩壁上。

563. 叉 花 草 *Diflugossa colorata* (Nees) Bremek.

草本。茎和枝四棱形。花单生于节上；花冠堇色，冠管与喉部不等长；冠檐裂片圆。花期8—9月。分布于中山区；生于林下、路边、石壁上。

564. 球花马蓝 *Strobilanthes dimorphotricha* Hance

　　草本。叶椭圆形、椭圆状披针形。头状花序近球形；花冠紫红色，稍弯曲；冠檐裂片5，顶端微凹。花期6—7月。分布于低山区；生于灌丛、草地。

565. 四子马蓝 *Championella tetrasperma* (Champ. ex Benth.) Bremek.

　　草本。叶卵形或近椭圆形。穗状花序；花冠淡红色、淡紫色；冠檐裂片几相等。花期9—10月。分布于低山区；生于林下或阴湿草地。

566. 宝兴蘸寄生 *Gleacdovia mupinense* Hu

　　肉质草本。花冠淡紫色或淡紫红色，稀白色，筒部窄，向上稍扩大；上唇 2 浅裂，裂片卵形，下唇 3 裂，裂片狭长圆。花期 4—7 月。分布于高山区；生于灌丛、林下潮湿处。

567. 高山捕虫堇 *Pinguicula alpina* L.

　　草本。基生叶呈莲座状；叶片长椭圆形。花单生；花冠白色，距淡黄色；上唇 2 裂，下唇 3 深裂；筒漏斗状；距圆柱状。花期 5—7 月，果期 7—9 月。分布于中、高山区；生于阴湿岩壁间或高山灌丛下。

568. 藏波罗花 *Incarvillea younghusbandii* Sprague

草本。叶基生，羽状复叶；顶端小叶卵圆形至圆形，较大。花红色；花冠筒内染橘黄色；裂片开展，圆形。花期5—8月，果期8—10月。分布于高山区；生于草甸及垫状灌丛中。

569. 天全野丁香 *Leptodermis limprichtii* H. Winkl.

　　小灌木。花在小枝上顶生，花 1～3；花冠黄白色，管狭漏斗形，裂片卵形。花期 6—7 月。分布于中山区；生于山坡旷地或灌丛中。

570. 瓦山野丁香 *Leptodermis parvifolia* Hutch.

　　灌木。花于枝顶单生或 2～3 朵簇生；花冠白色；管狭漏斗形，裂片 5，卵状披针形。花期 8—9 月。分布于中、高山区；生于向阳山坡灌丛或林缘。

571. 川滇野丁香 *Leptodermis pilosa* Diels

灌木。聚伞花序，花 3 ～ 7；花冠淡紫红色；管狭漏斗状，外面密被短绒毛，裂片 5，阔卵形。花期 6 月，果期 9—10 月。分布于中、高山区；生于向阳山坡或路边灌丛。

572. 楠藤 *Mussaenda erosa* Champ.

攀援灌木。叶对生。伞房状多歧聚伞花序顶生；花冠橙黄色；管极细长，裂片卵形。花期 4—7 月，果期 9—12 月。分布于低山区；常攀援于疏林乔木树冠上。

573. 黐花 *Mussaenda esquirolii* Lévl.

　　直立或攀援灌木。叶对生。聚伞花序顶生；花冠黄色；花冠管上部略膨大，裂片卵形，有短尖头。花期5—7月，果期7—10月。分布于低、中山区；生于山地疏林下或路边。

574. 玉叶金花 *Mussaenda pubescens* Ait. f.

　　攀援灌木。叶对生或轮生。聚伞花序顶生，花较密；花冠黄色；花冠管细长，裂片长圆状披针形。花期6—7月。分布于低山区；生于灌丛、溪谷、山坡。

575. 薄叶新耳草 *Neanotis hirsuta* (L. f.) Lewis

　　匍匐草本。茎柔弱，具纵棱。花序有花1至数朵；花白色或浅紫色；花冠漏斗形，裂片阔披针形。花果期7—10月。分布于低、中山区；生于林下或溪旁。

576. 中华蛇根草 *Ophiorrhiza chinensis* Lo

　　草本或亚灌木。花序顶生，通常多花；花冠白色或微染紫红色，管状漏斗形，裂片5，三角状卵形。花期2—4月，果期5—7月。分布于中山区；生于阔叶林下的潮湿地。

577. 日本蛇根草 *Ophiorrhiza japonica* Blume

　　草本。花序顶生，花多朵；花冠白色或粉红色，近漏斗形，裂片开展，被柔毛。花期2—4月，果期5—7月。分布于低、中山区；生于阔叶林下的沟谷旁。

578. 臭鸡矢藤 *Paederia cruddasiana* Prain

　　藤状灌木。叶卵形或披针形。圆锥花序；花冠紫蓝色，通常被绒毛，裂片短。花期5—6月。分布于低山区；生于疏林内。

579. 大叶茜草 *Rubia schumanniana* Pritzel

草本。叶 4 片轮生，披针形、长圆状卵形或卵形。聚伞花序多具分枝，排成圆锥花序式；花冠白色或绿黄色。花期 5—6 月。分布于中、高山区；生于林下、灌丛中。

580. 白马骨 *Serissa serissoides* (DC.) Druce

小灌木。花无梗，生于小枝顶部；花冠白色，喉部被毛，裂片 5。花期 4—6 月。分布于低、中山区；生于荒地或草坪。

581. 二翅六道木 *Abelia macrotera* (Graebn. et Buchw.) Rehd.

　　灌木。叶卵形至椭圆状卵形。聚伞花序；苞片卵形，红色；花冠浅紫红色，漏斗状，裂片5，略呈二唇形。花期5—6月，果期8—10月。分布于中山区；生于灌丛、溪边、林下。

582. 伞花六道木 *Abelia umbellata* (Graebn. et Buchw.) Rehd.

　　灌木。复聚伞花序由4～8花组成；萼筒长柱形；花冠黄色，高脚碟形，4裂。花期5—6月，果期8—9月。分布于中山区；生于林下和灌丛中。

583. 淡红忍冬 *Lonicera acuminata* Wall.

藤本。近伞房状花序或花单生于叶腋；萼筒椭圆形或倒壶形；花冠黄白色而有红晕，漏斗状，唇形。花期6月，果期10—11月。分布于中、高山区；生于山坡和山谷的林中、林间或灌丛中。

584. 长距忍冬 *Lonicera calcarata* Hemsl.

藤本。花冠先白色后变黄色，唇形，筒宽短，基部有1弯距，上唇直立，下唇带状，反卷。花期5月，果期6—7月。分布于中山区；生于林下、林缘或溪沟旁灌丛中。

585. 金花忍冬 *Lonicera chrysantha* Turcz.

灌木。总花梗细；相邻两萼筒分离；花冠先白色后变黄色，唇形，唇瓣长 2～3 倍于筒。花期 5—6 月，果期 7—9 月。分布于低、中、高山区；生于沟谷、林下或林缘灌丛中。

586. 华南忍冬 *Lonicera confusa* (Sweet) DC.

藤本。植株密被灰黄色卷曲短柔毛。短总状花序；花冠白色，后变黄色，管细长。花期 4—5 月，有时 9—10 月二次开花，果期 10 月。分布于低山区；生于山坡、林下、灌丛、路旁或河边。

587. 绣毛忍冬 *Lonicera ferruginea* Rehd.

　　藤本。植株被黄褐色糙毛。小总状花序组成小圆锥花序；花冠初时白色后转黄色；筒与唇瓣约等长。花期5—6月，果熟期8—9月。分布于低、中山区；生于山坡林中或灌丛。

588. 苦糖果 *Lonicera fragrantissima* subsp. *standishii* (Carr.) Hsu et H. J. Wang

　　灌木。花先于叶或与叶同时开放；花冠白色或淡红色；上唇裂片深达中部，下唇舌状，反曲。花期2—4月，果期5—6月。分布于低、中山区；生于向阳山坡林中、灌丛或溪涧旁。

589. 刚毛忍冬 *Lonicera hispida* Pall. ex Roem. et Schult.

灌木。苞片大，宽卵形；花冠白色或淡黄色，漏斗状，近整齐。花期5—6月，果期7—9月。分布于中、高山区；生于山坡林中、林缘灌丛中或高山草地上。

590. 菰腺忍冬 *Lonicera hypoglauca* Miq.

藤本。双花单生或多朵集合成总状；花冠白色，后变黄色；筒比唇瓣稍长。花期4—6月，果期10—11月。分布于低、中山区；生于灌丛或疏林中。

591. 红白忍冬 *Lonicera japonica* var. *chinensis* (Wats.) Bak.

　　本变种与原变种忍冬的区别在于：幼枝紫黑色。幼叶带紫红色。花冠外面紫红色，内面白色，上唇裂片较长。分布于低、中山区；生于山坡林下、灌丛中。

592. 女贞叶忍冬 *Lonicera ligustrina* Wall.

　　灌木。花冠黄白色或紫红色，筒基部有囊肿，裂片稍不相等，卵形。果实紫红色，后转黑色，圆形。花期5—7月，果期8—12月。分布于中、高山区；生于灌丛或林中。

593. 亮叶忍冬 *Lonicera ligustrina* subsp. *yunnanensis* (Franch.) Hsu et H. J. Wang

本亚种与原亚种女贞叶忍冬的区别在于：叶革质，上面光亮。花较小，筒外面密生红褐色短腺毛。花期4—6月，果期9—10月。分布于中、高山区；生于山谷林中。

594. 柳叶忍冬 *Lonicera lanceolata* Wall.

灌木。叶顶端渐尖或尾状长渐尖。花冠淡紫色或紫红色，上唇有浅圆裂，下唇反折。花期6—7月，果期8—9月。分布于中、高山区；生于林中或林缘灌丛中。

595. 灰毡毛忍冬 *Lonicera macranthoides* Hand. -Mazz.

藤本。叶片下面被灰白色或带灰黄色毡毛。花冠白色，后变黄色；筒纤细，上唇裂片卵形，下唇条状倒披针形，反卷。花期6—7月，果期10—11月。分布于低、中山区；生于山谷溪旁、山坡林内或灌丛中。

596. 越桔叶忍冬 *Lonicera myrtillus* Hook. f. et Thoms.

灌木。花冠白色、淡紫色或紫红色；筒状钟形，筒内有柔毛，喉部毛较密，裂片圆卵形或近圆形；雄蕊和花柱内藏。花期5—7月，果期8—9月。分布于中、高山区；生于山坡灌丛、林下及河谷滩地石砾上。

597. 蕊帽忍冬 *Lonicera pileata* Oliv.

灌木。萼筒顶端为由萼檐下延而成的帽边状突起所覆盖。花冠白色、黄白色；筒2～3倍长于裂片；雄蕊与花柱均伸出。花期4—6月，果期9—12月。分布于中山区；生于山谷水边、林中潮湿处或山坡灌丛中。

598. 岩生忍冬 *Lonicera rupicola* Hook. f. et Thoms.

灌木。总花梗极短；花冠淡紫色或紫红色；筒状钟形，裂片卵形，开展。花期5—8月，果熟期8—10月。分布于中、高山区；生于高山草甸、流石滩、林缘、灌丛中。

599. 袋花忍冬 *Lonicera saccata* Rehd.

　　灌木。总花梗纤细，弓弯或弯垂；相邻两萼筒连合；花冠黄色、淡黄白色；筒状漏斗形，裂片卵形。花期 5 月，果期 6—7 月。分布于中、高山区；生于草地、灌丛、林中或林缘。

600. 齿叶忍冬 *Lonicera scabrida* Franch.

　　灌木。总花梗极短；花冠玫瑰红色；筒基部有明显的囊，内面喉部有长柔毛状糙毛，裂片宽卵形。花期 4—6 月。分布于高山区；生于山地灌丛、林下。

601. 峨眉忍冬 *Lonicera similis* var. *omeiensis* Hsu et H. J. Wang

　　本变种与原变种细毡毛忍冬的主要区别在于：叶下面除密被细毡毛外，还夹杂长柔毛和腺毛。花冠较短，唇瓣与筒几等长。分布于低、中山区；生于山沟或山坡灌丛中。

602. 唐古特忍冬 *Lonicera tangutica* Maxim.

　　灌木。相邻两萼筒中部以上至全部合生。花冠白色、黄白色；筒状漏斗形，裂片近直立。花期5—6月，果期7—8月。分布于中、高山区；生于林下、山坡草地、溪边、灌丛中。

603. 盘叶忍冬 *Lonicera tragophylla* Hemsl.

　　藤本。叶矩圆形或卵状矩圆形，花序下方 1 ～ 2 对叶连合成卵圆形的盘。花冠黄色至橙黄色；筒长 2 ～ 3 倍于唇瓣。花期 6—7 月，果期 9—10 月。分布于中、高山区；生于林下、灌丛、岩缝中。

604. 毛花忍冬 *Lonicera trichosantha* Bur. et Franch.

　　灌木。花冠黄色，唇形；上唇裂片浅圆形，下唇反曲；花丝基部有柔毛；花柱被柔毛，柱头大，盘状。花期 5—7 月，果熟期 8 月。分布于中、高山区；生于林下、林缘、河边、灌丛中。

605. 长叶毛花忍冬 *Lonicera trichosantha* var. *xerocalyx* (Diels) Hsu et H. J. Wang

　　本变种与原变种毛花忍冬的区别在于：叶矩圆状披针形至披针形，顶端长渐尖至短渐尖。分布于中、高山区；生于沟谷水旁、林下、林缘、灌丛或阳坡草地上。

606. 华西忍冬 *Lonicera webbiana* Wall. ex DC.

　　灌木。花冠紫红色或绛红色，唇形；筒甚短，向上突然扩张，上唇直立，具圆裂，下唇反曲。花期5—6月，果期8—9月。分布于中、高山区；生于林下、山坡灌丛中或草坡上。

607. 川西忍冬 *Lonicera webbiana* var. *mupinensis* (Rehd.) Hsu et H. J. Wang

　　本变种与原变种华西忍冬的区别在于：植株各部分都比较大，芽鳞片直而不反曲。花期5—7月。分布于中、高山区；生于林下或高山灌丛中。

608. 穿心莛子藨 *Triosteum himalayanum* Wall.

　　草本。叶基部连合，倒卵状椭圆形至倒卵状矩圆形。花冠黄绿色，筒内紫褐色。果实红色，近圆形。花果期6—9月。分布于中、高山区；生于山坡、林缘、林下、沟边或草地。

609. 莲子藨 *Triosteum pinnatifidum* Maxim.

草本。叶羽状深裂。聚伞花序在顶端集合成短穗状花序；花冠黄绿色，内面有紫色斑点。果实白色，卵圆形。花期5—6月，果期8—9月。分布于中、高山区；生于山坡林下和沟边向阳处。

610. 桦叶荚蒾 *Viburnum betulifolium* Batal.

灌木或小乔木。复伞形式聚伞花序；花冠白色，辐状，裂片圆卵形；雄蕊常高出花冠。果实红色，近圆形。花期6—7月，果期8—10月。分布于中、高山区；生于山谷林中或山坡灌丛中。

611. 短序荚蒾 *Viburnum brachybotryum* Hemsl.

灌木或小乔木。聚伞花序；花冠白色，筒极短，裂片开展，卵形至矩圆状卵形；雄蕊花药黄白色。花期 2—4 月，果期 7—8 月。分布于低、中山区；生于山谷密林或山坡灌丛中。

612. 樟叶荚蒾 *Viburnum cinnamomifolium* Rehd.

灌木或小乔木。叶革质，椭圆状矩圆形，具离基三出脉。聚伞花序；花冠淡黄绿色，辐状，裂片宽卵形；雄蕊高出花冠。花期 5 月，果期 6—7 月。分布于中山区；生于山坡灌丛中。

613. 水红木 *Viburnum cylindricum* Buch. -Ham. ex D. Don

　　灌木或小乔木。花冠白色或有红晕，钟状，裂片卵圆形，直立；雄蕊高出花冠，花药紫色。花期 6—10 月，果熟期 10—12 月。分布于低、中、高山区；生于阳坡疏林或灌丛中。

614. 宜昌荚蒾 *Viburnum erosum* Thunb.

　　灌木。复伞形式聚伞花序；花冠白色，辐状，裂片圆卵形；花药黄白色。花期 4—5 月，果期 8—10 月。分布于低、中山区；生于山坡林下或灌丛中。

615. 红荚蒾 *Viburnum erubescens* Wall.

灌木或小乔木。圆锥花序；花冠白色或淡红色，高脚碟状，裂片开展，顶端圆。花期 4—6 月，果熟期 8 月。分布于中、高山区；生于林中。

616. 臭荚蒾 *Viburnum foetidum* Wall.

灌木。复伞形式聚伞花序；花冠白色，辐状，裂片圆卵形；雄蕊与花冠等长或略超出，花药黄白色。花期 7 月，果熟期 9 月。分布于中、高山区；生于林缘、灌丛中。

617. 珍珠荚蒾 *Viburnum foetidum* var. *ceanothoides* (C. H. Wright) Hand. -Mazz.

　　本变种与原变种臭荚蒾的区别在于：枝披散。叶片边缘中部以上具不规则的粗齿或缺刻。总花梗较长。花期4—6月，果期9—12月。分布于中山区；生于山坡密林或灌丛中。

618. 直角荚蒾 *Viburnum foetidum* var. *rectangulatum* (Graebn.) Rehd.

　　本变种与原变种臭荚蒾的区别在于：枝披散，侧生小枝甚长而呈蜿蜒状，常与主枝呈直角或近直角开展。总花梗极短或几缺。花期5—7月，果期10—12月。分布于低、中山区；生于山坡林中或灌丛中。

619. 南方荚蒾 *Viburnum fordiae* Hance

灌木或小乔木。植株各部被黄褐色的绒毛。复伞形式聚伞花序；花冠白色，辐状，裂片卵形；雄蕊与花冠等长或略超出。花期4—5月，果期10—11月。分布于低、中山区；生于山谷溪涧旁疏林、山坡灌丛中或旷野。

620. 披针叶荚蒾 *Viburnum lancifolium* Hsu.

灌木。叶矩圆状披针形至披针形。复伞形式聚伞花序；花冠白色，辐状，裂片圆卵形；雄蕊略高出花冠。花期5月，果期10—11月。分布于低山区；生于山坡疏林、林缘及灌丛中。

621. 绣球荚蒾 *Viburnum macrocephalum* Fort.

灌木。聚伞花序全部由大型不孕花组成；花冠白色，辐状，裂片圆状倒卵形；筒部短；花药小，近圆形；雌蕊不育。花期4—5月。分布于低山区；生于山地阳坡、林下、灌丛中。

622. 显脉荚蒾 *Viburnum nervosum* D. Don

灌木或小乔木。叶卵形至宽卵形。聚伞花序；花冠白色或带微红，辐状，裂片长为筒的2倍。花期4—6月，果期9—10月。分布于中、高山区；生于山坡林下、林缘、灌丛中。

623. 日本珊瑚树 *Viburnum odoratissimum* var. *awabuki* (K. Koch) Zabel ex Rumpl.

灌木或小乔木。叶倒卵状矩圆形至矩圆形，边缘有波状浅钝齿。圆锥花序；花冠白色，后变黄白色。果实先红色后变黑色，卵状椭圆形。花期4—5月，果期7—9月。分布于低山区；生于山谷林中、向阳地或灌丛中。

624. 蝴蝶荚蒾 *Viburnum plicatum* var. *tomentosum* (Thunb.) Miq.

灌木或小乔木。花序外围有4～6朵白色、大型的不孕花；花冠不整齐4～5裂；中央可孕花花冠辐状，黄白色。花期4—5月，果期8—9月。分布于低、中山区；生于山坡、山谷林内及沟谷旁灌丛中。

625. **球核荚蒾** *Viburnum propinquum* Hemsl.

灌木。叶革质，卵形、卵状披针形或椭圆状矩圆形，边缘疏生浅锯齿。聚伞花序；花冠绿白色。果实蓝黑色。花果期 5—10 月。分布于低、中山区；生于山谷林中或灌丛中。

626. **皱叶荚蒾** *Viburnum rhytidophyllum* Hemsl.

灌木或小乔木。植株各部被黄白色、黄褐色或红褐色的厚绒毛。聚伞花序；花冠白色，辐状；雄蕊高出花冠。花期 4—5 月，果期 9—10 月。分布于中山区；生于山坡林下或灌丛中。

627. 茶荚蒾 *Viburnum setigerum* Hance

　　灌木。叶卵状矩圆形至卵状披针形，顶端渐尖。复伞形式聚伞花序；花冠白色，辐状，裂片卵形。花期4—5月，果期9—10月。分布于低、中山区；生于山谷溪涧旁疏林或山坡灌丛中。

628. 合轴荚蒾 *Viburnum sympodiale* Graebn.

　　灌木或小乔木。叶卵形、椭圆状卵形或圆状卵形。聚伞花序，周围有大型、白色的不孕花；花冠白色或微红，辐状。花期4—5月，果期8—9月。分布于中山区；生于林下或灌丛中。

629. 三叶荚蒾 *Viburnum ternatum* Rehd.

灌木或小乔木。叶 3 枚轮生。复伞形式聚伞花序；花冠白色，辐状，裂片半圆形；雄蕊远高出花冠。花期 6—7 月，果期 8—9 月。分布于低、中山区；生于山地丛林或灌丛中。

630. 烟管荚蒾 *Viburnum utile* Hemsl.

灌木。聚伞花序；花冠白色，辐状，裂片卵圆形；雄蕊长于花冠裂片或近等长，花药近圆形，鲜黄色。花期 3—5 月，果期 8—9 月。分布于低、中山区；生于山坡林缘或灌丛中。

631. 败酱 *Patrinia scabiosaefolia* Fisch. ex Trev.

草本。茎生叶宽卵形至披针形，羽状深裂或全裂。聚伞花序组成大型伞房花序；花冠钟形，黄色。瘦果长圆形，具3棱。花期7—9月。分布于低、中山区；生于山坡林下、林缘、灌丛、草丛中。

632. 瑞香缬草 *Valeriana daphniflora* Hand. -Mazz.

　　草本。聚伞圆锥花序顶生；花冠粉红色，高脚碟形；雌雄蕊均伸出花冠。花期8月，果期9月。分布于中、高山区；生于山坡草丛中。

633. 柔垂缬草 *Valeriana flaccidissima* Maxim.

　　草本。伞房状聚伞花序；苞片和小苞片线形至线状披针形；花淡红色；花冠裂片长圆形至卵状长圆形；雌雄蕊常伸出花冠。花期4—6月，果期5—8月。分布于中、高山区；生于林缘、草地、溪边。

634. 劲直续断 *Dipsacus inermis* Wall.

草本。头状花序顶生，圆球形；花淡黄色；花冠管先端 4 裂；雄蕊 4，花药橙黄色；雄蕊与柱头均伸出花冠。花期 7—9 月，果期 9—11 月。分布于中、高山区；生于山坡、沟边和灌丛中。

635. 日本续断 *Dipsacus japonicus* Miq.

草本。头状花序顶生，圆球形；花淡红色；花冠管先端 4 裂；雄蕊 4，花药紫黑色；雄蕊与柱头均伸出花冠。花期 8—9 月，果期 9—11 月。分布于中山区；生于山坡、路旁和草坡。

636. 白花刺参 *Acanthocalyx alba* (Hand.-Mazz.) M. Connon

　　草本。花茎从基生叶旁生出。假头状花序顶生；花冠白色；花冠管裂片5，倒心形，先端凹陷。花期6—8月，果期7—9月。分布于高山区；生于山坡草甸或林下。

637. 大花刺参 *Acanthocalyx nepalensis* subsp. *delavayi* (Franch.) D. Y. Hong

　　草本。假头状花序顶生；花红色或紫色；花冠管较宽，裂片5，长椭圆形，先端凹陷。花期6—8月，果期7—9月。分布于高山区；生于山坡草甸。

638. 裂叶翼首花 *Pterocephalus bretschneideri* (Bat.) Pritz.

　　草本。叶片轮廓狭长圆形至倒披针形，羽状深裂至全裂。头状花序扁球形；花淡粉色至紫红色；花冠裂片 4。花期 7—8 月，果期 9—10 月。分布于中、高山区；生于山地岩缝中、林下、草坡。

639. 双参 *Triplostegia glandulifera* Wall. ex DC.

　　柔弱小草本。叶倒卵状披针形，二至四回羽状分裂。聚伞圆锥花序疏松；花冠白色、粉红色，短漏斗状，5 裂。花果期 7—10 月。分布于中、高山区；生于林下、林缘、溪旁、草甸。

640. 峨眉雪胆 *Hemsleya emeiensis* L. D. Shen et W. J. Chang

　　攀援草质藤本。块茎膨大。叶为趾状复叶。雌雄异株，聚伞总状花序；花冠扁球状，黄绿色、浅红色，裂片反折。花期 7—9 月，果期 9—11 月。分布于中山区；生于林缘及山谷灌丛中。

641. 巨花雪胆 *Hemsleya gigantha* W. J. Chang

攀援草质藤本。块茎膨大。叶为趾状复叶。雌雄异株，聚伞圆锥花序；花冠圆球状，橙红色，裂片向后反卷。花期6—9月，果期8—11月。分布于中山区；生于林缘及山谷阴坡灌丛中。

642. 头花赤瓟 *Thladiantha capitata* Cogn.

攀援草质藤本。叶宽卵形或宽卵状三角形。雌雄异株；雄花为伞形总状花序或近头状总状花序；雌花单生或2～3朵着生于总花梗顶端，花冠黄色。花果期6—10月。分布于中山区；生于山坡林缘、灌丛中。

643. 长叶赤瓟 *Thladiantha longifolia* Cogn. ex Oliv.

攀援草质藤本。叶卵状披针形或长卵状三角形。雌雄异株；雄花为总状花序；雌花单生或2～3朵着生于总花梗顶端；花冠黄色。花期4—7月，果期8—10月。分布于中山区；生于山坡林下、沟边及灌丛中。

644. 南赤瓟 *Thladiantha nudiflora* Hemsl. ex Forbes et Hemsl.

攀援草质藤本。叶卵状心形、宽卵状心形或近圆心形。雌雄异株；雄花为总状花序；雌花单生，花冠黄色，冠筒粗大，子房狭长圆形。花期7—8月，果期9—10月。分布于中山区；生于沟边、林缘、灌丛中。

645. 王瓜 *Trichosanthes cucumeroides* (Ser.) Maxim.

　　攀援草质藤本。叶阔卵形或圆形，3～5浅裂至深裂。雌雄异株；雄花为总状花序；雌花单生，花冠白色，裂片长圆状卵形，具极长的丝状流苏。花期5—8月，果期8—11月。分布于低、中山区；生于山谷林中、山坡疏林或灌丛中。

646. 长萼栝楼 *Trichosanthes laceribractea* Hayata

　　攀援草质藤本。叶近圆形或阔卵形，3～7浅至深裂。雌雄异株；雄花为总状花序；雌花单生，花冠白色，裂片倒卵形，边缘具纤细长流苏。花期7—8月，果期9—10月。分布于低、中山区；生于山谷林中或山坡路旁。

647. 红花栝楼 *Trichosanthes rubriflos* Thorel ex Cayla

　　攀援草质藤本。叶阔卵形或近圆形，3～7掌状深裂。雌雄异株；雄总状花序粗壮；雌花单生，苞片深红色，花萼筒红色，花冠粉红色至红色，裂片边缘具流苏。花期5—11月，果期8—12月。分布于低、中山区；生于山坡林下及灌丛中。

648. 川西沙参 *Adenophora aurita* Franch.

　　草本。圆锥花序；花萼筒部倒卵状圆锥形，裂片线状披针形；花冠宽钟状，蓝色或蓝紫色，裂片宽圆状三角形；花柱与花冠近等长。花期7—9月，果期9—10月。分布于中、高山区；生于山坡草地、林缘或灌丛中。

649. 丝裂沙参 *Adenophora capillaris* Hemsl.

　　草本。圆锥花序大而疏散；花萼筒部球状，裂片毛发状；花冠淡蓝色或淡紫色；花柱长伸出花冠。花期7—8月。分布于中山区；生于林下、林缘或草地中。

650. 细萼沙参 *Adenophora capillaris* subsp. *leptosepala* (Diels) Hong

　　本亚种与原亚种丝裂沙参的区别在于：叶大多数被毛。花萼裂片多数有小齿；花冠较大。花期 7—9 月。分布于中、高山区；生于林下、林缘草地及草丛中。

651. 杏叶沙参 *Adenophora hunanensis* Nannf.

　　草本。叶片卵圆形、卵形至卵状披针形。圆锥花序大而疏散；花萼筒部倒圆锥状，裂片卵形至长卵形；花冠钟状，蓝色、紫色或蓝紫色。花期 7—9 月。分布于低、中山区；生于山坡和林缘草地。

652. 湖北沙参 *Adenophora longipedicellata* Hong

　　草本。圆锥花序大而疏散；花萼裂片钻状披针形；花冠钟状，白色、紫色或淡蓝色；花柱与花冠近等长。花期 8—10 月。分布于中山区；生于山坡草地、灌丛中和峭壁缝里。

653. 泡沙参 *Adenophora potaninii* Korsh.

草本。圆锥花序或假总状花序；花萼裂片狭三角状钻形，边缘有一对细长齿；花冠钟状，紫色、蓝色或蓝紫色，少为白色；花柱与花冠近等长，或稍稍伸出。花期7—10月，果期10—11月。分布于中、高山区；生于阳坡草地、灌丛或林下。

654. 中华沙参 *Adenophora sinensis* A. DC.

草本。狭圆锥花序；花萼裂片条状披针形；花冠钟状，紫色或紫蓝色；花柱超出花冠。花期8—10月。分布于低、中山区；生于河边草丛或灌丛中。

655. 聚叶沙参 *Adenophora wilsonii* Nannf.

草本。圆锥花序；花萼裂片钻形；花冠漏斗状钟形，紫色或蓝紫色，裂片占花冠1/3；花柱伸出花冠。花期8—10月，果期9—10月。分布于中山区；生于灌丛中或沟边岩石上。

656. 金钱豹 *Campanumoea javanica* Bl.

　　缠绕草本。植株具乳汁。花单生于叶腋；花冠白色或黄绿色，内面紫色，钟状，裂至中部。花果期7—11月。分布于中山区；生于灌丛及疏林中。

657. 三角叶党参 *Codonopsis deltoidea* Chipp

　　缠绕草本。植株具乳汁。叶片三角状卵形或阔卵形。花单生，有时集成聚伞花序；花冠钟状，淡黄绿色而有紫色脉纹。花果期7—10月。分布于中山区；生于山地林边及灌丛中。

658. 蓝钟花 *Cyananthus hookeri* C. B. Cl.

　　草本。叶片菱形、菱状三角形或卵形。花单生；花冠紫蓝色，筒状，内面喉部密生柔毛，裂片倒卵状矩圆形。花期8—9月。分布于中、高山区；生于山坡草地、路旁或沟边。

659. 蓝花参 *Wahlenbergia marginata* (Thunb.) A. DC.

　　草本。植株有白色乳汁。花萼筒部倒卵状圆锥形，裂片三角状钻形；花冠钟状，蓝色，裂片倒卵状长圆形。花果期2—5月。分布于中、高山区；生于山坡或沟边。

660. 马边兔儿风 *Ainsliaea angustata* Chang

　　草本。叶片狭椭圆形至披针形。头状花序；花全为两性；花冠管状，白色，5 深裂，裂片长圆形；花药伸出花冠管外；花柱丝状，分枝叉开。花期 3—5 月。分布于低、中山区；生于水边、路旁草丛中或石上。

661. 重冠紫菀 *Aster diplostephioides* (DC.) C. B. Clarke.

　　草本。基生叶莲座状；茎中上部叶长圆状或线状披针形。头状花序单生；舌状花常 2 层，舌片蓝色或蓝紫色，线形；管状花黄色。花期 7—9 月；果期 9—12 月。分布于高山区；生于高山草地及灌丛中。

662. 萎软紫菀 *Aster flaccidus* Bge.

　　草本。茎生叶长圆形、长圆披针形、线形。头状花序单生；舌状花舌片紫色，稀浅红色；管状花黄色。花果期6—11月。分布于中、高山区；生于高山及亚高山草地、灌丛、石砾地。

663. 乳白香青 *Anaphalis lactea* Maxim.

　　草本。植株被白色或灰白色棉毛。头状花序，密集成复伞房状；总苞片4～5层，乳白色。花果期7—9月。分布于中、高山区；生于山坡草地、林下。

664. 珠光香青 *Anaphalis margaritacea* (L.) Benth. et Hook. f.

　　草本。叶线形或线状披针形，被毛。复伞房花序；总苞片 5～7 层，开展，基部褐色，上部白色。花果期 8—11 月。分布于低、中、高山区；生于草地、石砾地、山沟及路旁。

665. 尼泊尔香青 *Anaphalis nepalensis* (Spreng.) Hand. -Mazz.

　　草本。中上部叶长圆形或倒披针形，被毛。头状花序，或数个排成疏散的伞房花序；总苞片 8～9 层，白色，开展。花期 6—9 月，果期 8—10 月。分布于中、高山区；生于草地、林缘、沟边及岩石上。

666. 柳叶鬼针草 *Bidens cernua* L.

草本。叶披针形至条状披针形。头状花序单生；舌状花黄色，舌片卵状椭圆形；两性花筒状，花冠管细窄，顶端 5 齿裂。花期 6—7 月。分布于低、中、高山区；生于草甸及沼泽边缘。

667. 丝毛飞廉 *Carduus crispus* L.

草本。茎有条棱。叶羽状深裂或半裂，边缘有三角形刺齿。头状花序；总苞卵圆形，苞片多层；花红色或紫色。花果期 4—10 月。分布于低、中、高山区；生于山坡草地、河旁及林下。

668. 烟管头草 *Carpesium cernuum* L.

　　草本。茎中上部叶椭圆形至椭圆状披针形。头状花序；总苞壳斗状；苞片4层；雌花狭筒状；两性花筒状，冠檐5齿裂。分布于低、中山区；生于山坡荒地、沟边等处。

669. 长叶天名精 *Carpesium longifolium* Chen et C. M. Hu

　　草本。茎上部叶披针形至狭披针形。头状花序穗状花序式排列；总苞半球形；苞片4层；雌花花冠狭筒状，冠檐5齿裂；两性花筒状。分布于中山区；生于山坡灌丛、林下。

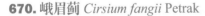

670. 峨眉蓟 *Cirsium fangii* Petrak

　　草本。叶披针形或线状披针形，羽状分裂，边缘有状针刺及刺齿。头状花序；总苞钟状，苞片约7层；花红色；花冠细管状，檐部浅裂。花果期7月。分布于中山区；生于山坡草地。

671. 骆骑 *Cirsium handelii* Petrak ex Hand. -Mazz.

草本。叶长椭圆形至披针形，羽状分裂，边缘具刺齿。头状花序；总苞钟状，苞片约7层；花紫色，花冠管状，檐部5裂。花果期5—9月。分布于中、高山区；生于林缘、林下、灌丛、草地。

672. 野茼蒿 *Crassocephalum crepidioides* (Benth.) S. Moore

草本。叶椭圆形或长圆状椭圆形。头状花序排成伞房状；总苞片1层；花红褐色或橙红色，全部管状，檐部5齿裂。花期7—12月。分布于低、中山区；生于山坡路旁、水边、灌丛中。

673. 条叶垂头菊 *Cremanthodium lineare* Maxim.

　　草本。叶披针形至线形。头状花序单生；总苞半球形，苞片背部黑灰色；舌状花黄色，舌片线状披针形；管状花黄色。花果期7—10月。分布于中、高山区；生于高山草地、沼泽地、灌丛中。

674. 大吴风草 *Farfugrium japonicum* (L. f.) Kitam.

　　草本。基生叶莲座状；叶片肾形。头状花序排列成伞房状花序；舌状花黄色，舌片长圆形或匙状长圆形；管状花多数。花果期8月至次年3月。分布于低、中山区；生于林下，山谷及草丛中。

675. 秋鼠麴草 *Gnaphalium hypoleucum* DC.

　　草本。植株被白色厚棉毛。头状花序密集成伞房花序；花黄色；总苞球形，苞片4层，金黄色或黄色；雌花丝状；两性花管状。花期8—12月。分布于低山区；生于空旷沙土、山坡上。

676. 美头火绒草 *Leontopodium calocephalum* (Franch.) Beauv.

　　草本。植株被蛛丝状毛。茎中上部叶卵圆披针形。头状花序；总苞被白色柔毛，苞片约4层；雄花管状；雌花丝状。花期7—9月，果期9—10月。分布于高山区；生于草甸、石砾坡地、湖岸、沼泽地、灌丛、林下或林缘。

677. 川西火绒草 *Leontopodium wilsonii* Beauv.

　　草本。叶狭披针形、线形。头状花序；总苞被白色长柔毛，苞片2～3层；花雌雄异株；雄花管状；雌花丝状。花期6—9月。分布于中、高山区；生于高山山谷岩石上。

678. 大黄橐吾 *Ligularia duciformis* (C. Winkl.) Hand. -Mazz.

　　草本。叶大型；叶片肾形或心形，边缘有齿。复伞房状聚伞花序；苞片与小苞片极小，线状钻形；小花全部管状，黄色。花果期7—9月。分布于中、高山区；生于河边、林下、高山草地。

679. 莲叶橐吾 *Ligularia nelumbifolia* (Bur. et Franch.) Hand.-Mazz.

　　草本。叶片盾状着生，肾形，先端圆形，基部弯缺宽，边缘具尖齿。头状花序密集成复伞房状聚伞花序，分枝极多；花期7—9月。分布于中、高山区；生于林下、山坡和高山草地。

680. 离舌橐吾 *Ligularia veitchiana* (Hemsl.) Greenm.

　　草本。叶片三角状或卵状心形，有时近肾形。总状花序；头状花序多数，辐射状；总苞片 7 ~ 9；舌状花 6 ~ 10，黄色，疏离，舌片狭倒披针形。花期 7—9 月。分布于中、高山区；生于河边、山坡及林下。

681. 圆舌粘冠草 *Myriactis nepalensis* Less.

　　草本。茎叶长椭圆形或长披针形。头状花序球形或半球形；总苞片 2 ~ 3 层；舌状花舌片圆形；两性花管状。花果期 4—11 月。分布于中、高山区；生于林缘、林下、灌丛或近水湿地。

682. 假福王草 *Paraprenanthes sororia* (Miq.) Shih

　　草本。全部叶两面无毛。头状花序，沿茎枝顶端排成圆锥状花序。总苞圆柱状，苞片4层；舌状花粉红色，约10枚。花果期5—8月。分布于低、中、高山区；生于山坡、山谷灌丛、林下。

683. 蜂斗菜 *Petasites japonicus* (Sieb. et Zucc.) Maxim.

　　草本。基生叶具长柄，叶片圆形或肾状圆形。头状花序密集成密伞房状；总苞筒状；全部花管状，两性；花冠白色。花期4—5月，果期6月。分布于中山区；生于溪流边、草地或灌丛中。

684. 多裂翅果菊 *Pterocypsela laciniata* (Houtt.) Shih

　　草本。叶倒披针形、椭圆形或长椭圆形，二回羽状深裂。头状花序在茎枝顶端排成圆锥花序；舌状花21枚，黄色。花果期7—10月。分布于低、中山区；生于山谷、山坡林缘、灌丛、草地。

685. 额河千里光 *Senecio argunensis* Turcz.

　　草本。叶卵状长圆形至长圆形，羽状分裂。头状花序排列成顶生复伞房花序；舌状花10～13，舌片黄色，长圆状线形；管状花多数，黄色。花期8—10月。分布于低、中、高山区；生于草坡、草甸。

686. 峨眉千里光 *Senecio faberi* Hemsl.

　　草本。茎叶大头羽状浅裂。头状花序排列成密集的复伞房花序；舌状花 3～4，舌片黄色，线形；管状花 6，黄色。花期 6—8 月。分布于中山区；生于林下、灌丛及草坡阴湿处。

687. 菊状千里光 *Senecio laetus* Edgew.

　　草本。茎叶大头羽裂。头状花序排列成顶生伞房花序或复伞花序；舌状花 10～13，舌片黄色，长圆形，上端具 3 细齿；管状花多数，黄色。花期 4—11 月。分布于中、高山区；生于林下、林缘、开旷草坡。

688. 雨农蒲儿根 *Sinosenecio chienii* (Hand. -Mazz.) B. Nord.

　　草本。叶片卵形或宽卵形，边缘波状或具宽三角形粗齿。头状花序排列成近伞房状花序；舌状花约10，舌片黄色，长圆形；管状花多数，黄色。花期4—6月。分布于中山区；生于岩石边或潮湿处。

689. 耳柄蒲儿根 *Sinosenecio euosmus* (Hand. -Mazz.) B. Nord.

　　草本。头状花序排列成顶生伞房花序或复伞花序；舌状花约10，舌片黄色，长圆形或线状长圆形；管状花多数，黄色。花期7—8月。分布于中、高山区；生于林缘、草甸或潮湿处。

690. 斑鸠菊 *Vernonia esculenta* Hemsl.

　　灌木或小乔木。叶长圆状披针形或披针形。头状花序排列成宽圆锥花序；花淡红紫色，花冠管状，裂片线状披针形。花期7—12月。分布于中山区；生于山坡阳处、草坡、灌丛，山谷疏林或林缘。

691. 象头花 *Arisaema franchetianum* Engl.

　　草本。叶 1；叶片 3 全裂。佛焰苞污紫色、深紫色，具白色或绿白色宽条纹。肉穗花序。花期 5—7 月，果 9—10 月成熟。分布于中、高山区；生于林下、灌丛、草坡。

692. 双耳南星 *Arisaema biauriculatum* W. W. Sm. ex Hand. -Mazz.

草本。叶 2；叶片 3 裂；侧裂片基部极不对称，外侧圆形，耳状，宽为内侧的约 2 倍。佛焰苞黄绿色，管部下节具淡紫色条纹。花期 4—5 月，果期 5—6 月。分布于中、高山区；生于河边、山坡草地、林中。

693. 花南星 *Arisaema lobatum* Engl.

草本。叶 1 或 2；叶柄黄绿色，有紫色斑块；叶片 3 全裂。佛焰苞管部绿色，先端淡紫色；肉穗花序。花期 4—7 月，果期 8—9 月。分布于中、高山区；生于林下、草坡或荒地。

694. 杜若 *Pollia japonica* Thunb.

草本。叶片长椭圆形。蝎尾状聚伞花序集成圆锥花序；花瓣白色，倒卵状匙形；雄蕊6。花期7—9月，果期9—10月。分布于低、中山区；生于山谷林下。

695. 竹叶子 *Streptolirion volubile* Edgew.

攀援草本。叶片心状圆形或卵形。蝎尾状聚伞花序集成圆锥状；总苞片叶状；花瓣白色、淡紫色而后变白色。花期7—8月，果期9—10月。分布于中、高山区；生于山地林下。

696. 高山粉条儿菜 *Aletris alpestris* Diels

草本。叶近莲座状簇生。总状花序；花被近钟形，白色；裂片披针形，约分裂到中部。花期 6 月，果期 8 月。分布于中、高山区；生于高山草甸、岩石上或林下石壁上。

697. 粉条儿菜 *Aletris spicata* (Thunb.) Franch.

　　草本。叶簇生，条形。花葶较长，密生柔毛；总状花序；花被黄绿色，上端粉红色。花期4—5月，果期6—7月。分布于低、中山区；生于山坡、灌丛或草地上。

698. 蓝花韭 *Allium beesianum* W. W. Sm.

　　草本。花葶圆柱状；伞形花序半球状；花狭钟状，蓝色；花被片狭矩圆形至狭卵状矩圆形。花果期8—10月。分布于高山区；生于山坡或草地上。

699.宽叶韭 *Allium hookeri* Thwaites

　　草本。叶条形至宽条形。花葶侧生，圆柱状；伞形花序近球状；花白色，星芒状开展。花果期8—10月。分布于中、高山区；生于湿润山坡或林下。

700.大花韭 *Allium macranthum* Baker

　　草本。叶条形，扁平。花葶棱柱状；伞形花序；花钟状开展，红紫色至紫色；花被片矩圆形；花柱伸出花被。花果期8—10月。分布于高山区；生于草坡、河滩或草甸上。

701. 卵叶韭 *Allium ovalifolium* Hand.-Mazz.

草本。叶2～3，披针状矩圆形至卵状矩圆形。伞形花序球状；花白色、淡红色。花果期7—9月。分布于中、高山区；生于林下、阴湿山坡、湿地、沟边或林缘。

702. 太白韭 *Allium prattii* C. H. Wright ex Hemsl.

草本。花葶圆柱状；总苞1～2裂，宿存；伞形花序半球状；花紫红色至淡红色，稀白色；花丝长于花被片。花果期6—9月。分布于中、高山区；生于阴湿山坡、沟边、灌丛或林下。

703. 多星韭 *Allium wallichii* Kunth

　　草本。花葶三棱状柱形；伞形花序扇状至半球状；花红色、紫红色、紫色至黑紫色，星芒状开展。花果期7—9月。分布于中、高山区；生于湿润草坡、林缘、灌丛下或沟边。

704. 大百合 *Cardiocrinum giganteum* (Wall.) Makino

　　草本。茎直立，中空，高大。总状花序，花10～16；花被狭喇叭形，白色，里面具淡紫红色条纹。蒴果近球形。花期6—7月，果期9—10月。分布于中山区；生于林下草丛中。

705. 七筋姑 *Clintonia udensis* Trautv. et Mey.

　　草本。总状花序；花白色，少有淡蓝色；花被片矩圆形。果实球形至矩圆形，蓝色。花期5—6月，果期7—10月。分布于中、高山区；生于阴坡疏林下。

706. 散斑竹根七 *Disporopsis aspera* (Hua) Engl. ex Krause

　　草本。根状茎圆柱状。花黄绿色，具黑色斑点，俯垂；花被钟形，裂片近矩圆形。花期5—6月，果期9—10月。分布于中山区；生于林下、荫蔽山谷或溪边。

707. 深裂竹根七 *Disporopsis pernyi* (Hua) Diels

　　草本。根状茎圆柱状。花白色，俯垂；花被钟形，裂片近矩圆形。花期4—5月，果期11—12月。分布于低、中山区；生于林下石山或荫蔽山谷水旁。

708. 大花万寿竹 *Disporum megalanthum* Wang et Tang

　　草本。叶卵形、椭圆形或宽披针形。伞形花序，花2～8；花大，白色；雄蕊内藏。花期5—7月，果期8—10月。分布于中山区；生于林下、林缘或草坡上。

709. 宝铎草 *Disporum sessile* D. Don

　　草本。叶卵形、椭圆形至披针形。花黄色、绿黄色或白色；花被片倒卵状披针形。花期 3—6 月，果期 6—11 月。分布于低、中山区；生于林下或灌木丛中。

710. 粗茎贝母 *Fritillaria crassicaulis* S. C. Chen

　　草本。茎较粗。叶矩圆状披针形，先端不卷曲。花单朵，黄绿色，有紫褐色斑点或小方格。花期 5 月。分布于高山区；生于草坡、林下灌丛中。

711. 米贝母 *Fritillaria davidii* Franch.

　　草本。鳞茎由大鳞球和许多米粒状小鳞片组成。基生叶 1 ~ 2，椭圆形或卵形。花单朵，黄色，有紫色小方格。花期 4 月。分布于中山区；生于山坡草地、林荫下或石缝中。

712. 华西贝母 *Fritillaria sichuanica* S. C. Chen

　　草本。叶通常对生，少数散生或 3 ~ 4 枚轮生，条形至条状披针形。花通常单朵，黄绿色至紫色，常有小斑点。花期 5—6 月。分布于高山区；生于高山草地、灌丛中。

713. **尖被百合** *Lilium lophophorum* (Bur. et Franch.) Franch.

草本。花通常1朵，下垂；花黄色、淡黄色或淡黄绿色；花被片披针形或狭卵状披针形。花期6—7月，果期8—9月。分布于高山区；生于高山草地、林下或山坡灌丛中。

714. 宝兴百合 *Lilium duchartrei* Franch.

　　草本。花单生或数朵排成伞形总状花序；花下垂，白色或粉红色，有紫色斑点；花被片反卷；花药黄色。花期 7 月，果期 9 月。分布于中、高山区；生于草地、林缘或灌木丛中。

715. 岷江百合 *Lilium regale* Wilson

　　草本。叶散生，多数，狭条形。花1至数朵，喇叭形，白色，喉部为黄色；外轮花被片披针形；内轮花被片倒卵形。花期6—7月。分布于中山区；生于山坡岩石边上、河旁。

716. 大理百合 *Lilium taliense* Franch.

　　草本。叶条形或条状披针形。总状花序；花下垂，花被片反卷；内轮花被片较外轮稍宽，白色，有紫色斑点。花期7—8月，果期9月。分布于高山区；生于山坡草地或林中。

717. 甘肃山麦冬 *Liriope kansuensis* (Batal.) C. H. Wright

　　草本。叶基生成丛。总状花序；花被片矩圆状披针形，淡紫色。花期 6—7 月。分布于中、高山区；生于溪边、林中阴湿处。

718. 假百合 *Notholirion bulbuliferum* (Lingelsh.) Stearn

　　草本。茎高大。茎生叶条状披针形。总状花序；花淡紫色或蓝紫色；花被片倒卵形或倒披针形，先端绿色。花期 7 月，果期 8 月。分布于高山区；生于草甸或灌木丛中。

719. 长茎沿阶草 *Ophiopogon chingii* Wang et Tang

　　草本。茎长，上端向上斜升。叶剑形，稍呈镰刀状。总状花序；花被片矩圆形或卵状矩圆形，白色或淡紫色。花期5—6月。分布于中山区；生于山坡灌丛、林下或岩石缝中。

720. 卷叶黄精 *Polygonatum cirrhifolium* (Wall.) Royle

　　草本。根状茎肥厚。叶3～6枚轮生，细条形至条状披针形，先端拳卷。花序轮生；花被淡紫色。花期5—7月，果期9—10月。分布于中、高山区；生于林下、山坡或草地。

721. 点花黄精 *Polygonatum punctatum* Royle ex Kunth

　　草本。叶互生，卵形至矩圆状披针形。花序具2～8花，常呈总状；花被白色，筒在口部缢缩而略呈坛状。花期4—6月，果期9—11月。分布于中山区；生于林下岩石上或附生树上。

722. 轮叶黄精 *Polygonatum verticillatum* (L.) All.

　　草本。3叶轮生，或间有对生或互生。花单生或2～4朵组成总状花序；花被淡黄色或淡紫色。花期5—6月，果期8—10月。分布于中、高山区；生于林下或山坡草地。

723. 湖北黄精 *Polygonatum zanlanscianense* Pamp.

　　草本。叶 3～6 枚轮生。花序近伞形；花被白色或淡黄绿色或淡紫色，筒近喉部稍缢缩。花期 6—7 月，果期 8—10 月。分布于低、中山区；生于林下或山坡阴湿处。

724. 吉祥草 *Reineckea carnea* (Andrews) Kunth

　　草本。叶每簇有 3～8 枚，条形至披针形。穗状花序，粉白至粉红色；裂片矩圆形。分布于低、中山区；生于阴湿山坡、山谷或密林下。

725. 高大鹿药 *Smilacina atropurpurea* (Franch.) Wang et Tang

　　草本。圆锥花序；花白色，稍带紫色或紫红色；花被片下部合生成杯状筒；裂片卵状披针形或矩圆形。花期5—6月，果期8—9月。分布于中、高山区；生于林下荫处。

726. 管花鹿药 *Smilacina henryi* (Baker) Wang et Tang

　　草本。茎中部以上有硬毛。总状花序；花淡黄色或带紫褐色；高脚碟状，筒部占全长的2/3～3/4。花期5—7月，果期8—10月。分布于中、高山区；生于林下、林缘、灌丛、水旁湿地。

727. 四川鹿药 *Smilacina henryi* var. *szechuanica* (Wang et Tang) Wang et Tang

　　本变种与原变种管花鹿药的区别在于：花被筒短，裂片与筒部近等长；雌蕊伸出花被筒。分布于中、高山区；生于林下、河边或路旁。

728. 窄 瓣 鹿 药 *Smilacina paniculata* (Baker) Wang et Tang

　　草本。圆锥花序；花淡绿色或稍带紫色；花被片仅基部合生，窄披针形。花期5—6月，果期8—10月。分布于中、高山区；生于林下、林缘或草坡。

729. 西南菝葜 *Smilax bockii* Warb.

　　攀援灌木。茎无刺。叶矩圆形、条状至狭卵状披针形。伞形花序；花紫红色或绿黄色。花期5—7月，果期10—11月。分布于中、高山区；生于林下或灌丛中。

730. 托柄菝葜 *Smilax discotis* Warb.

　　攀援灌木。叶近椭圆形。伞形花序；花序托稍膨大；花绿黄色。花期4—5月，果期10月。分布于低、中山区；生于林下、灌丛中或山坡阴处。

731. 长托菝葜 *Smilax ferox* Wall. ex Kunth

　　攀援灌木。叶椭圆形、卵状椭圆形至矩圆形。伞形花序；花黄绿色或白色。花期 3—4 月，果期 10—11 月。分布于低、中山区；生于林下、灌丛中或山坡荫蔽处。

732. 黑果菝葜 *Smilax glauco-china* Warb.

　　攀援灌木。叶椭圆形。伞形花序；花黄绿色；雌花与雄花大小相似。浆果熟时黑色，具粉霜。花期 3—5 月，果期 10—11 月。分布于低、中山区；生于林下、灌丛或山坡上。

733.折枝菝葜 *Smilax lanceifolia* var. *elongata* (Warb.) Wang et Tang

　　攀援灌木。叶长披针形或矩圆状披针形，小枝迥折状。伞形花序；花黄绿色。花期3—4月，果期10—11月。分布于低、中山区；生于林下或山坡阴处。

734.短梗菝葜 *Smilax scobinicaulis* C. H. Wright

　　攀援灌木。叶卵形或椭圆状卵形。总花梗很短。花期5月，果期10月。分布于低、中山区；生于林下、灌丛或山坡阴处。

735.鞘柄菝葜 *Smilax stans* Maxim.

　　攀援灌木。叶卵形、卵状披针形或近圆形；叶柄基部成鞘状。伞形花序；花绿黄色；花被片稍狭。花期 5—6 月，果期 10 月。分布于低、中、高山区；生于林下、灌丛或山坡阴处。

736.扭柄花 *Streptopus obtusatus* Fassett

　　草本。叶卵状披针形或矩圆状卵形。花白色、淡黄色，有时带紫色斑点，下垂；花被片近离生。花期 7 月，果期 8—9 月。分布于中、高山区；生于山坡林下、灌丛中。

737. 黄花油点草 *Tricyrtis maculata* (D. Don) Machride

草本。二歧聚伞花序；花被绿白色或白色，具紫红色斑点，卵状椭圆形至披针形，反折；外轮花被片基部呈囊状。花果期6—10月。分布于低、中山区；生于山坡林下、路旁。

738. 齿瓣开口箭 *Tupistra fimbriata* Hand.-Mazz.

草本。叶基生，舌状披针形或倒披针形，边缘皱波状。穗状花序；花筒状钟形，裂片卵形，肉质。花期5月，果期11月。分布于中山区；生于林下、灌丛、沟边潮湿处。

739. 尾萼开口箭 *Tupistra urotepala* (Hand. - Mazz.) Wang et Tang

    草本。叶披针形，边缘皱波状。穗状花序；花被喉部向内扩展成环状体，裂片三角状卵形，肉质，黄色。浆果球形。花期5—6月。分布于中、高山区；生于林下潮湿处。

740. 毛叶藜芦 *Veratrum grandiflorum* (Maxim.) Loes. f.

    草本。植株高大，基部具纤维束。叶宽椭圆形至矩圆状披针形。圆锥花序塔状；花大，密集，绿白色。花果期7—8月。分布于中、高山区；生于山坡林下或湿生草丛中。

741. 大叶仙茅 *Curculigo capitulata* (Lour.) O. Kuntze

　　草本。叶大型，长圆状披针形或近长圆形。总状花序缩短成头状；花黄色，裂片卵状长圆形。花期 5—6 月，果期 8—9 月。分布于中山区；生于林下或阴湿处。

742. 疏花仙茅 *Curculigo gracilis* (Wall. ex Kurz) Hook. f.

　　草本。叶大型，披针形或近长圆状披针形。总状花序，花较疏离；苞片线状披针形，先端长尾状；花黄色，裂片近长圆形。花期5—6月。分布于低、中山区；生于林下或阴湿山地。

743. 仙茅 *Curculigo orchioides* Gaertn.

　　草本。叶线形、线状披针形或披针形。总状花序，多少呈伞房状；花黄色，裂片长圆状披针形。花果期4—9月。分布于低、中山区；生于林中、草地或荒坡上。

744. 金脉鸢尾 *Iris chrysographes* Dykes

草本。叶多基生，条形，基部鞘状。花深蓝紫色；外花被裂片狭倒卵形或长圆形，有金黄色的条纹；内花被裂片狭倒披针形。花期6—7月，果期8—10月。分布于中、高山区；生于山坡草地或林缘。

745. 舞花姜 *Globba racemosa* Smith

草本。叶片长圆形或卵状披针形。圆锥花序；花黄色，具橙色腺点；花冠管裂片反折。花期6—9月。分布于低、中山区；生于林下阴湿处。

746. 艳山姜 *Alpinia zerumbet* (Pers.) Burtt. & Smith

草本。植株高大。叶片披针形、椭圆状披针形。圆锥花序呈总状花序式；花乳白色；唇瓣匙状宽卵形，黄色而有紫红色纹彩。蒴果卵圆形，朱红色。花期4—6月，果期7—10月。分布于低、中山区；生于山坡、林下。

747. 小白及 *Bletilla formosana* (Hayata) Schltr.

草本。叶线状披针形、狭披针形至狭长圆形。总状花序；花较小，淡紫色或粉红色，罕白色；唇瓣椭圆形，3 裂。花期 4—6 月。分布于低、中山区；生于林下、沟谷草地或石缝中。

748. 肾唇虾脊兰 *Calanthe brevicornu* Lindl.

　　草本。总状花序；萼片和花瓣黄绿色；花瓣长圆状披针形；唇瓣 3 裂；唇盘粉红色，具 3 条黄色的高褶片；距很短。花期 5—6 月。分布于中山区；生于山地密林下。

749. 剑叶虾脊兰 *Calanthe davidii* Franch.

　　草本。叶剑形或带状。总状花序；花黄绿色、白色或有时带紫色；唇瓣 3 裂；唇盘具 3 条鸡冠状褶片；距圆筒形。花期 6—7 月，果期 9—10 月。分布于低、中、高山区；生于山谷、溪边或林下。

750. 叉唇虾脊兰 *Calanthe hancockii* Rolfe

　　草本。总状花序；萼片和花瓣黄褐色；花瓣近椭圆形；唇瓣柠檬黄色，3裂；唇盘具3条波状褶片；距浅黄色。花期4—5月。分布于中山区；生于林下和山谷溪边。

751. 戟形虾脊兰 *Calanthe nipponica* Makino

　　草本。总状花序；花淡黄色，俯垂；唇瓣与整个蕊柱翅合生，稍3裂；唇盘上具3条褶片；距圆筒形，末端钝。花期6月。分布于中、高山区；生山坡林下。

752. 三棱虾脊兰 *Calanthe tricarinata* Lindl.

　　草本。总状花序；花瓣倒卵状披针形；唇瓣红褐色，3 裂；侧裂片小；中裂片肾形；唇盘上具鸡冠状褶片。花期 5—6 月。分布于中、高山区；生于山坡草地上或混交林下。

753. 峨边虾脊兰 *Calanthe yuana* T. Tang et F. T. Wang

草本。总状花序；花黄白色；花瓣斜舌形；唇瓣的轮廓圆菱形，3 裂；中裂片倒卵形，先端微凹；唇盘无褶片；距圆筒形。花期 5 月。分布于中山区；生于常绿阔叶林下。

754. 银兰 *Cephalanthera erecta* (Thunb. ex A. Murray) Bl.

草本。叶片椭圆形至卵状披针形。总状花序；花白色；唇瓣 3 裂，中裂片上面有 3 条纵褶片。花期 4—6 月，果期 8—9 月。分布于中山区；生于林下、灌丛中或向阳山坡沟边。

755. 大叶杓兰 *Cypripedium fasciolatum* Franch.

　　草本。叶椭圆形或宽椭圆形。单花顶生，或罕有 2 花；花大，黄色；萼片具栗色纵纹；唇瓣深囊状，近球形。花期 4—5 月。分布于中、高山区；生于林下、山坡灌丛或草坡上。

756. 绿花杓兰 *Cypripedium henryi* Rolfe

　　草本。叶片椭圆状至卵状披针形。花序顶生，常具 2～3 花；花绿色至绿黄色；唇瓣深囊状，椭圆形。花期 4—5 月，果期 7—9 月。分布于中山区；生于林下、林缘、灌丛、坡地湿润处。

757. 西藏杓兰 *Cypripedium tibeticum* King ex Rolfe

　　草本。叶片椭圆形、卵状椭圆形或宽椭圆形。单花顶生；花大，俯垂，紫色、紫红色或暗栗色；唇瓣深囊状，近球形至椭圆形，囊口有白色的圈。花期 5—8 月。分布于中、高山区；生于林下、林缘、灌丛、草坡或乱石地上。

758. 火烧兰 *Epipactis helleborine* (L.) Crantz

　　草本。总状花序；花绿色或淡紫色；花瓣椭圆形；唇瓣中部缢缩，上唇近三角形或近扁圆形，下唇兜状。花期7月，果期9月。分布于低、中、高山区；生于山坡林下、草丛或沟边。

759. 大叶火烧兰 *Epipactis mairei* Schltr.

　　草本。总状花序；花黄绿带紫色、黄褐色；花瓣长椭圆形或椭圆形；唇瓣中部稍缢缩，上唇肥厚，下唇裂片有鸡冠状褶片。花期6—7月，果期9月。分布于中、高山区；生于山坡灌丛、草丛、河滩地。

760. 角距手参 *Gymnadenia bicornis* T. Tang et K. Y. Lang

草本。块茎肉质，下部掌状分裂。总状花序；花淡黄绿色；唇瓣菱状卵形；距细圆筒状，末端呈 2 个角状小突起。花期 7—8 月。分布于高山区；生于山坡草甸、灌丛下。

761. 手参 *Gymnadenia conopsea* (L.) R. Br.

草本。块茎肉质，下部掌状分裂。总状花序；花粉红色，罕粉白色；花瓣斜卵状三角形；唇瓣先端 3 裂；距细长。花期 6—8 月。分布于中、高山区；生于山坡林下、草地或砾石滩草丛中。

762. 短距手参 *Gymnadenia crassinervis* Finet

　　草本。块茎肉质，下部掌状分裂。总状花序；花粉红色，罕带白色；花瓣宽卵形；唇瓣先端3裂；距圆筒状。花期6—7月，果期8—9月。分布于高山区；生于山坡林下、草甸、岩缝中。

763. 峨眉手参 *Gymnadenia emeiensis* K. Y. Lang

　　草本。块茎肉质，下部 4～5 裂。总状花序；花白色；花瓣斜宽菱状卵形；唇瓣先端渐尖，反折；距圆筒形。花期 5—6 月。分布于高山区；生于山顶灌丛、草地。

764. 长距玉凤花 *Habenaria davidii* Franch.

　　草本。总状花序；花大，绿白色或白色；唇瓣白色或淡黄色，3 深裂；侧裂片线形，外侧边缘为篦齿状深裂，细裂片丝状；距细圆筒状。花期 6—8 月。分布于中、高山区；生于山坡林下、灌丛或草地。

765. 厚瓣玉凤花 *Habenaria delavayi* Finet

草本。总状花序；花白色；花瓣线形，基部扭卷，向后倾斜；唇瓣3深裂，裂片较厚；侧裂片狭楔形，中裂片线形；距下垂。花期6—8月。分布于中、高山区；生于山坡林下、灌丛或草地。

766. 裂瓣角盘兰 *Herminium alaschanicum* Maxim.

　　草本。总状花序圆柱状；花小，绿色；花瓣 3 裂，中裂片近线形；唇瓣基部凹陷具距；距长圆状。花期 6—9 月。分布于中、高山区；生于山坡草地、林下、灌丛中。

767. 广布红门兰 *Orchis chusua* D. Don

　　草本。叶多为 2～3 枚。花紫红色或粉红色；唇瓣向前伸展，3 裂；中裂片长圆形或卵形，侧裂片镰状长圆形或近三角形。花期 6—8 月。分布于中、高山区；生于山坡林下、灌丛或高山草甸中。

768. 山兰 *Oreorchis patens* (Lindl.) Lindl.

　　草本。总状花序；花黄褐色至淡黄色；唇瓣白色并有紫斑，3 裂，基部有短爪；唇盘上有 2 条纵褶片。花期 6—7 月，果期 9—10 月。分布于中、高山区；生于林下、林缘、灌丛中、草地上或沟谷旁。

769. 二叶舌唇兰 *Platanthera chlorantha* Cust. ex Rchb.

　　草本。茎近基部具 2 枚大叶。总状花序；花绿白色或白色；花瓣狭披针形；唇瓣向前伸，舌状，肉质；距棒状圆筒形。花期 6—8 月。分布于中、高山区；生于山坡林下或草丛中。

770. 舌唇兰 *Platanthera japonica* (Thunb. ex A. Marray) Lindl.

草本。总状花序；花白色；唇瓣线形，不分裂，肉质；距下垂，细圆筒状至丝状。花期5—7月。分布于低、中山区；生于山坡林下或草地。

771. 尾瓣舌唇兰 *Platanthera mandarinorum* Rchb. f.

草本。总状花序；花淡黄绿色；唇瓣绿黄色，披针形至舌状披针形；距细圆筒状。花期4—6月。分布于低、中山区；生于山坡林下或草地。

772. 白花独蒜兰 *Pleione albiflora* Cribb et C. Z. Tang

半附生草本。花葶顶端具 1 花；花白色；唇瓣宽卵形，内面有赭色斑及 5 条褶片，边缘撕裂状，基部囊状。花期 4—5 月。分布于中、高山区；生于覆盖有苔藓的树干或林下岩石、荫蔽的岩壁上。

773. 四川独蒜兰 *Pleione limprichtii* Schltr.

半附生草本。花葶顶端具 1 ～ 2 花；花紫红色至玫瑰红色；花瓣镰状倒披针形；唇瓣近圆形，内面色较浅并具紫红色斑和 4 条白色褶片，边缘撕裂状。花期 4—5 月。分布于中山区；生于苔藓覆盖的岩石或岩壁上。

中文名索引

一画

一把香 / 219
一点血 / 215

二画

二叶舌唇兰 / 454
二郎山报春 / 286
二翅六道木 / 356
七星莲 / 208
七筋姑 / 418
人字果 / 42

三画

三叶委陵菜 / 116
三叶荚蒾 / 380
三色莓 / 139
三花莸 / 314
三角叶党参 / 394
三齿卵叶报春 / 295
三桠乌药 / 67
三棱虾脊兰 / 444
土圞儿 / 150
大卫梅花草 / 93
大王马先蒿 / 338
大火草 / 31

大叶火烧兰 / 448
大叶仙茅 / 437
大叶杓兰 / 446
大叶金腰 / 81
大叶宝兴报春 / 285
大叶茜草 / 355
大叶碎米荠 / 78
大叶蔷薇 / 124
大叶藤山柳 / 202
大白杜鹃 / 255
大头叶无尾果 / 107
大百合 / 417
大芽南蛇藤 / 184
大花万寿竹 / 419
大花卫矛 / 190
大花刺参 / 384
大花韭 / 415
大花绣球藤 / 36
大花猕猴桃 / 199
大花糙苏 / 322
大吴风草 / 402
大果花楸 / 143
大果琉璃草 / 312
大钟杜鹃 / 270

大理百合 / 424

大黄橐吾 / 404

大落新妇 / 79

小大黄 / 25

小叶栒子 / 111

小白及 / 441

小花琉璃草 / 312

小果茶藨子 / 99

小果唐松草 / 47

小果蔷薇 / 121

小鱼仙草 / 321

小婆婆纳 / 342

小穗凤仙花 / 172

山乌桕 / 164

山玉兰 / 64

山兰 / 454

山地凤仙花 / 173

山光杜鹃 / 267

山莓 / 131

山梅花 / 95

山葛 / 157

山槐 / 148

川西凤仙花 / 166

川西火绒草 / 403

川西沙参 / 391

川西忍冬 / 369

川西婆婆纳 / 343

川西紫堇 / 74

川西遂瓣报春 / 294

川西瑞香 / 218

川南马兜铃 / 22

川莓 / 138

川鄂小檗 / 52

川鄂山茱萸 / 240

川鄂淫羊藿 / 59

川康绣线梅 / 114

川滇花楸 / 144

川滇细辛 / 24

川滇野丁香 / 351

川滇蔷薇 / 129

川黔翠雀花 / 40

广布红门兰 / 453

女贞叶忍冬 / 361

叉花草 / 345

叉唇虾脊兰 / 443

马边兔儿风 / 396

马桑绣球 / 87

马缨杜鹃 / 255

马蹄芹 / 237

四画

王瓜 / 389

开萼鼠尾草 / 326

天全凤仙花 / 181

天全钓樟 / 68

天全野丁香 / 350

无毛粉花绣线菊 / 146

无距淫羊藿 / 58

无距耧斗菜 / 31

云上杜鹃 / 267

云实 / 153

云南羊蹄甲 / 152

云南报春 / 295

云南杜鹃 / 277

云南堇菜 / 213

云南旌节花 / 216

云南锦鸡儿 / 154

云锦杜鹃 / 258

木瓜红 / 300

木香花 / 119

木莓 / 139

五月瓜藤 / 49

五叶老鹳草 / 158

不凡杜鹃 / 259

犬形鼠尾草 / 328

太子凤仙花 / 166

太白韭 / 416

巨花雪胆 / 387

瓦山野丁香 / 350

瓦山鼠尾草 / 328

瓦屋小檗 / 51

瓦屋山悬钩子 / 140

日本珊瑚树 / 377

日本蛇根草 / 353

日本续断 / 383

中华沙参 / 393

中华青荚叶 / 242

中华金腰 / 82

中华柳叶菜 / 232

中华绣线菊 / 145

中华绣线梅 / 115

中华蛇根草 / 353

水仙杜鹃 / 271

水红木 / 372

水晶兰 / 247

手参 / 449

毛叶木姜子 / 69

毛叶绣线菊 / 146

毛叶藜芦 / 436

毛肋杜鹃 / 249

毛花忍冬 / 367

毛柱山梅花 / 96

毛柱铁线莲 / 35

毛脉柳叶菜 / 230

毛笋子梢 / 153

毛萼香茶菜 / 324

毛萼莓 / 131

毛喉杜鹃 / 252

毛瑞香 / 218

长毛杜鹃 / 274

长毛籽远志 / 161

长叶天名精 / 400

长叶毛花忍冬 / 368

长叶吊灯花 / 309

长叶赤飑 / 388

长叶猕猴桃 / 199

长叶溲疏 / 83

长托菝葜 / 432

长尖叶蔷薇 / 124

长江溲疏 / 86

长阳十大功劳 / 61

长序南蛇藤 / 187

长茎沿阶草 / 426

长齿溲疏 / 87

长柄山蚂蝗 / 155

长柄唐松草 / 47

长梗风轮菜 / 316

长梗紫花堇菜 / 208

长距玉凤花 / 451

长距忍冬 / 357

长萼栝楼 / 389

长鳞杜鹃 / 261

爪哇唐松草 / 46

月月红 / 280

乌泡子 / 135

勾酸浆 / 334

方氏淫羊藿 / 58

火烧兰 / 448

巴东小檗 / 54

巴东醉鱼草 / 305

双耳南星 / 411

双参 / 385

五画

玉叶金花 / 352

打破碗花花 / 30

甘西鼠尾草 / 329

甘青老鹳草 / 159

甘青铁线莲 / 38

甘肃山麦冬 / 425

石灰花楸 / 141

龙头草 / 319

平枝枸子 / 110

东陵绣球 / 88

叶苞过路黄 / 283

叶底红 / 226

凹叶玉兰 / 64

凹瓣梅花草 / 94

四川丁香 / 304

四川大头茶 / 203

四川石蝴蝶 / 344

四川白珠 / 245

四川花楸 / 143

四川金粟兰 / 21

四川独蒜兰 / 456

四川堇菜 / 211

四川鹿药 / 430

四川婆婆纳 / 343

四川溲疏 / 86

四川蜡瓣花 / 104

四子马蓝 / 346

四萼猕猴桃 / 201

四裂花黄芩 / 331

仙茅 / 438

白马骨 / 355

白汉洛凤仙花 / 167

白花凤仙花 / 182

白花刺参 / 384

白花独蒜兰 / 456

白瑞香 / 219

白簕 / 235

瓜叶乌头 / 27

头花赤飑 / 387

头状四照花 / 240

尼泊尔香青 / 398

丝毛飞廉 / 399

丝裂沙参 / 391

六画

吉祥草 / 428

托柄菝葜 / 431

地不容 / 62

地耳草 / 205

地棯 / 227

扬子小连翘 / 204

耳状人字果 / 41

耳柄蒲儿根 / 409

芒刺杜鹃 / 273

芒齿小檗 / 53

芝麻菜 / 78

西南水苏 / 332

西南花楸 / 143

西南鬼灯檠 / 100

西南绣球 / 88

西南菝葜 / 431

西南悬钩子 / 130

西南银莲花 / 30

西南獐牙菜 / 307

西域青荚叶 / 242

西蜀丁香 / 303

西藏杓兰 / 447

灰叶南蛇藤 / 185

灰叶堇菜 / 207

灰毡毛忍冬 / 363

灰栒子 / 108

尖叶长柄山蚂蝗 / 156

尖叶美容杜鹃 / 252

尖叶栒子 / 108

尖被百合 / 422

尖瓣过路黄 / 283

尖瓣瑞香 / 217

光叶山矾 / 298

光叶珙桐 / 221

光叶蝴蝶草 / 339

光亮山矾 / 299

光亮杜鹃 / 264

光亮峨眉杜鹃 / 265

团叶杜鹃 / 266

刚毛五加 / 234

刚毛忍冬 / 360

肉叶龙头草 / 318

肉色土圞儿 / 149

肉花卫矛 / 188

肉质虎耳草 / 102

舌唇兰 / 455

竹叶子 / 412

延叶珍珠菜 / 282

华中婆婆纳 / 340

华西小檗 / 53

华西贝母 / 421

华西龙头草 / 319

华西花楸 / 144

华西忍冬 / 368

华西茶藨子 / 98

华西蔷薇 / 125

华丽凤仙花 / 171

华南忍冬 / 358

华鼠尾草 / 327

全缘叶绿绒蒿 / 75

合轴荚蒾 / 379

伞花六道木 / 356

多花勾儿茶 / 195

多花黄芪 / 151

多枝婆婆纳 / 340

多星韭 / 417

多脉四照花 / 241

多裂翅果菊 / 407

多雄蕊商陆 / 165

多鳞杜鹃 / 269

冰川茶藨子 / 97

问客杜鹃 / 247

米贝母 / 421

江南花楸 / 142

兴文小檗 / 55

中文名索引

异花孩儿参 / 26

异药花 / 227

羽叶鬼灯檠 / 100

红马蹄草 / 238

红毛虎耳草 / 103

红毛悬钩子 / 137

红白忍冬 / 361

红色木莲 / 65

红花五味子 / 66

红花杜鹃 / 272

红花栝楼 / 390

红花绿绒蒿 / 76

红纹凤仙花 / 179

红茎黄芩 / 331

红泡刺藤 / 134

红荚蒾 / 373

红粉白珠 / 246

红棕杜鹃 / 271

红雉凤仙花 / 174

纤茎堇菜 / 212

纤细卫矛 / 189

纤细草莓 / 112

七画

折枝菝葜 / 433

扭柄花 / 434

扭盔马先蒿 / 336

扭萼凤仙花 / 182

拟缺香茶菜 / 325

苣叶报春 / 293

花莛乌头 / 28

花莛驴蹄草 / 34

花南星 / 411

杜若 / 412

杏叶沙参 / 392

两型豆 / 149

丽叶铁线莲 / 39

丽江山荆子 / 114

丽江山梅花 / 95

秃疮花 / 75

秀丽莓 / 129

秀英卫矛 / 190

秀雅杜鹃 / 254

角翅卫矛 / 188

角距手参 / 449

条叶垂头菊 / 402

条纹马先蒿 / 337

卵心叶虎耳草 / 101

卵叶报春 / 290

卵叶韭 / 416

卵果蔷薇 / 123

迎阳报春 / 289

汶川星毛杜鹃 / 249

尾叶樱桃 / 118

尾花细辛 / 23

尾萼开口箭 / 436

尾萼蔷薇 / 120

尾瓣舌唇兰 / 455

阿拉伯婆婆纳 / 341

陇蜀杜鹃 / 279

劲直续断 / 383

驴蹄草 / 33

八画

青蛇藤 / 310

披针叶荚蒾 / 375

披针叶胡颓子 / 222

披针叶蔓龙胆 / 306

苦绳 / 311

苦糖果 / 359

直角荚蒾 / 374

直距翠雀花 / 41

直萼黄芩 / 330

茅莓 / 135

雨农蒲儿根 / 409

轮叶黄精 / 427

软条七蔷薇 / 123

软枣猕猴桃 / 197

齿叶忍冬 / 365

齿苞凤仙花 / 172

齿萼凤仙花 / 170

齿萼报春 / 289

齿瓣开口箭 / 435

肾叶金腰 / 80

肾唇虾脊兰 / 442

具梗糙苏 / 323

岩乌头 / 28

岩生忍冬 / 364

岩须 / 244

岷江百合 / 424

岷江杜鹃 / 259

败酱 / 381

垂丝丁香 / 304

垂丝海棠 / 113

垂序木蓝 / 157

垂珠花 / 301

使君子 / 225

金毛铁线莲 / 35

金花忍冬 / 358

金沙江醉鱼草 / 305

金顶杜鹃 / 257

金脉鸢尾 / 439

金疮小草 / 314

金钱豹 / 394

乳白香青 / 397

乳黄杜鹃 / 260

周毛悬钩子 / 130

狗枣猕猴桃 / 200

卷叶黄精 / 426

单花小檗 / 51

浅圆齿堇菜 / 210

法且利亚叶马先蒿 / 338

河北木蓝 / 156

泡叶枸子 / 109

泡沙参 / 393

沼生柳叶菜 / 232

波叶红果树 / 147

波缘凤仙花 / 183

宝兴马兜铃 / 23

宝兴木姜子 / 69

宝兴过路黄 / 282

宝兴百合 / 423

宝兴报春 / 288

宝兴杜鹃 / 264

宝兴茶藨子 / 99

宝兴冠唇花 / 321

宝兴栒子 / 111

宝兴淫羊藿 / 57

宝兴掌叶报春 / 287

宝兴槲寄生 / 347

宝铎草 / 420

宝盖草 / 317

宜昌荚蒾 / 372

宜昌悬钩子 / 133

空心泡 / 138

陕甘花楸 / 142

陕西悬钩子 / 136

线纹香茶菜 / 326

细风轮菜 / 315

细齿稠李 / 118

细柄十大功劳 / 60

细柄凤仙花 / 171

细梗蔷薇 / 122

细萼沙参 / 392

九画

珍珠花 / 246

珍珠荚蒾 / 374

挂苦绣球 / 92

城口报春 / 286

城口蔷薇 / 121

茜堇菜 / 210

草甸马先蒿 / 339

莛子藨 / 370

茶荚蒾 / 379

荨麻叶龙头草 / 320

南川溲疏 / 83

南方荚蒾 / 375

南赤飑 / 388

南黄堇 / 71

柳叶忍冬 / 362

柳叶钝果寄生 / 22

柳叶鬼针草 / 399

柳叶旌节花 / 216

柱果铁线莲 / 39

树生杜鹃 / 256

厚瓣玉凤花 / 452

点花黄精 / 427

显脉荚蒾 / 376

显脉猕猴桃 / 201

星毛金锦香 / 228

星毛胡颓子 / 224

星果草 / 32

贵州鼠尾草 / 327

响铃豆 / 154

钝叶蔷薇 / 128

钝齿铁线莲 / 34

钩腺大戟 / 162

香莓 / 137

秋鼠麹草 / 402

重冠紫菀 / 396

复伞房蔷薇 / 120

盾果草 / 313

须蕊铁线莲 / 37

剑叶虾脊兰 / 442

匍茎通泉草 / 333

匍匐栒子 / 109

狭叶粉花绣线菊 / 146

狭齿水苏 / 332

弯曲碎米荠 / 77

弯柱唐松草 / 48

亮毛杜鹃 / 263

亮叶十大功劳 / 60

亮叶杜鹃 / 275

亮叶忍冬 / 362

疣枝小檗 / 54

美头火绒草 / 403

美观糙苏 / 322

美丽芍药 / 43

美味猕猴桃 / 198

美脉花楸 / 141

美容杜鹃 / 251

籽纹紫堇 / 72

总状凤仙花 / 177

洱源紫堇 / 74

突尖紫堇 / 73

突隔梅花草 / 94

穿心莛子藨 / 369

扁刺峨眉蔷薇 / 127

柔毛金腰 / 82

柔毛绣球 / 92

柔垂缬草 / 382

绒毛杜鹃 / 268

骆骑 / 401

十画

艳山姜 / 440

珙桐 / 220

珠光香青 / 398

珠芽蓼 / 25

莲叶点地梅 / 281

莲叶橐吾 / 404

莼兰绣球 / 89

桦叶荚蒾 / 370

栓翅卫矛 / 191

鸭跖草状凤仙花 / 169

峨马杜鹃 / 266

峨边虾脊兰 / 445

峨眉十大功劳 / 61

峨眉小檗 / 50

峨眉千里光 / 408

峨眉手参 / 451

峨眉凤仙花 / 174

峨眉双蝴蝶 / 308

峨眉四照花 / 241

峨眉拟单性木兰 / 66

峨眉苣叶报春 / 293

峨眉含笑 / 65

峨眉附地菜 / 313

峨眉忍冬 / 366

峨眉青荚叶 / 243

峨眉钓樟 / 68

峨眉金腰 / 80

峨眉桃叶珊瑚 / 239

峨眉雪胆 / 386

峨眉悬钩子 / 132

峨眉银叶杜鹃 / 248

峨眉溲疏 / 84

峨眉蓟 / 400

峨眉鼠尾草 / 329

峨眉蔷薇 / 127

峨眉翠雀花 / 40

圆叶杜鹃 / 275

圆舌粘冠草 / 405

圆锥山蚂蝗 / 155

圆锥铁线莲 / 38

圆穗蓼 / 24

铁包金 / 196

铁破锣 / 33

铁梗报春 / 292

铁筷子 / 42

笕子梢 / 153

臭节草 / 160

臭鸡矢藤 / 354

臭荚蒾 / 373

豹药藤 / 310

皱叶荚蒾 / 378

皱皮杜鹃 / 276

高大鹿药 / 429

高山捕虫堇 / 348

高山唐松草 / 43

高山粉条儿菜 / 413

高丛珍珠梅 / 141

高茎紫堇 / 71

高原露珠草 / 229

离舌橐吾 / 405

唐古特忍冬 / 366

凉山悬钩子 / 132

羞怯凤仙花 / 176

粉叶小檗 / 52

粉叶羊蹄甲 / 152

粉团蔷薇 / 126

粉红溲疏 / 85

粉花安息香 / 301

粉条儿菜 / 414

粉背灯台报春 / 290

烟管头草 / 400

烟管荚蒾 / 380

海州香薷 / 316

海绵杜鹃 / 268

宽叶沟酸浆 / 334

宽叶韭 / 415

宽距凤仙花 / 175

宽萼偏翅唐松草 / 45

窄叶木半夏 / 222

窄叶鲜卑花 / 140

窄萼凤仙花 / 180

窄瓣鹿药 / 430

扇脉香茶菜 / 325

绢毛蔷薇 / 128

绣毛忍冬 / 359

绣球荚蒾 / 376

绣球蔷薇 / 122

十一画

球花马蓝 / 346

球花报春 / 285

球核荚蒾 / 378

菱叶凤仙花 / 177

黄山杜鹃 / 263

黄毛草莓 / 113

黄花杜鹃 / 261

黄花直瓣苣苔 / 344

黄花油点草 / 435

黄果茄 / 333

黄背勾儿茶 / 194

黄堇 / 73

黄鼠狼花 / 330

萝卜根老鹳草 / 159

萎软紫菀 / 397

菊状千里光 / 408

菰腺忍冬 / 360

梳齿悬钩子 / 136

雀儿舌头 / 163

野八角 / 63

野凤仙花 / 181

野芝麻 / 318

野茼蒿 / 401

野桐 / 164

野蔷薇 / 126

晚花绣球藤 / 36

蛇含委陵菜 / 117

鄂西绣线菊 / 147

鄂西獐牙菜 / 308

鄂报春 / 288

银叶杜鹃 / 248

银叶委陵菜 / 117

银兰 / 445

银果牛奶子 / 223

银露梅 / 116

袋花忍冬 / 365

偏花报春 / 291

偏翅唐松草 / 44

偏瓣花 / 228

假升麻 / 106

假百合 / 425

假福王草 / 406

盘叶忍冬 / 367

盘叶掌叶树 / 236

领春木 / 70

象头花 / 410

麻叶枸子 / 112

麻花杜鹃 / 262

康泊东叶马先蒿 / 335

康南杜鹃 / 276

鹿角杜鹃 / 278

粗毛淫羊藿 / 56

粗壮凤仙花 / 178

粗茎贝母 / 420

粗枝绣球 / 90

粗脉杜鹃 / 253

粗糠柴 / 164

清香藤 / 302

淡红忍冬 / 357

深山堇菜 / 211

深圆齿堇菜 / 207

深裂竹根七 / 419

密刺悬钩子 / 139

绵毛金腰 / 81

绵果悬钩子 / 133

绿花杓兰 / 447

绿药淫羊藿 / 56

绿点杜鹃 / 272

斑鸠菊 / 409

越桔叶忍冬 / 363

喜马拉雅柳兰 / 233

喜阴悬钩子 / 134

散生凤仙花 / 170

散斑竹根七 / 418

葛枣猕猴桃 / 200

戟叶堇菜 / 206

戟形虾脊兰 / 443

硬齿猕猴桃 / 198

裂叶茶藨子 / 98

裂叶星果草 / 32

裂叶翼首花 / 385

裂瓣角盘兰 / 453

紫叶堇菜 / 209

紫红悬钩子 / 138

紫药女贞 / 302

紫斑杜鹃 / 274

紫萼山梅花 / 96

紫萼凤仙花 / 175

十二画

掌叶覆盆子 / 131

中文名索引

掌脉蝇子草 / 26

掌裂叶秋海棠 / 215

喇叭杜鹃 / 257

喉毛花 / 306

黑果菝葜 / 432

锈红杜鹃 / 250

锐齿柳叶菜 / 231

短丝木樨 / 303

短序荚蒾 / 371

短柄凤仙花 / 168

短柱侧金盏花 / 29

短柱金丝桃 / 205

短柱南蛇藤 / 186

短柱梅花草 / 93

短柱银莲花 / 29

短梗南蛇藤 / 186

短梗菝葜 / 433

短距手参 / 450

短喙凤仙花 / 179

等梗报春 / 287

腋花杜鹃 / 270

阔叶清风藤 / 193

阔萼堇菜 / 209

湖北大戟 / 162

湖北花楸 / 142

湖北沙参 / 392

湖北黄精 / 428

强茎淫羊藿 / 59

疏叶杜鹃 / 258

疏花仙茅 / 438

疏花婆婆纳 / 341

缘缐雀舌木 / 163

十三画

瑞香缬草 / 382

蓝花参 / 395

蓝花韭 / 414

蓝钟花 / 395

蓝雪花 / 296

蓬蘽 / 133

蒙自虎耳草 / 102

楠藤 / 351

雷波杜鹃 / 278

睫毛萼凤仙花 / 167

蜂斗菜 / 406

矮生栒子 / 110

矮醋栗 / 97

稠李 / 119

鼠掌老鹳草 / 160

微孔草 / 313

腺花香茶菜 / 324

腺果杜鹃 / 254

滇川唐松草 / 45

滇西堇菜 / 213

滇蜡瓣花 / 105

十四画

聚叶沙参 / 393

蜡莲绣球 / 91

舞花姜 / 440

管花鹿药 / 429

膜叶马先蒿 / 337

膀胱果 / 192

蜜蜂花 / 320

褐毛溲疏 / 84

翠蓝绣线菊 / 145

十五画

鞍叶羊蹄甲 / 151

蕨麻 / 115

戟叶秋海棠 / 214

蕊帽忍冬 / 364

樱草 / 292

樟叶荚蒾 / 371

醉魂藤 / 309

蝴蝶荚蒾 / 377

额河千里光 / 407

十六画

鞘柄菝葜 / 434

薄片变豆菜 / 238

薄叶山矾 / 297

薄叶鼠李 / 196

薄叶新耳草 / 352

穆坪紫堇 / 72

糙毛报春 / 284

糙苏 / 323

十七画

藏波罗花 / 349

十八画

藤山柳 / 202

鼬瓣花 / 317

二十画

鳞叶龙胆 / 307

鳞茎堇菜 / 206

灌丛黄芪 / 150

露珠草 / 230

二十一画

黐花 / 352

中文名索引

拉丁学名索引

A

Abelia macrotera (Graebn. et Buchw.) Rehd. 356

Abelia umbellata (Graebn. et Buchw.) Rehd. 356

Acanthocalyx alba (Hand.-Mazz.) M. Connon 384

Acanthocalyx nepalensis subsp. *delavayi* (Franch.) D. Y. Hong 384

Acanthopanax simonii Schneid. 234

Acanthopanax trifoliatus (L.) Merr. 235

Aconitum hemsleyanum Pritz. 27

Aconitum racemulosum Franch. 28

Aconitum scaposum Franch. 28

Actinidia arguta (Sieb. et Zucc) Planch. ex Miq. 197

Actinidia callosa Lindl. 198

Actinidia grandiflora C. F. Liang 199

Actinidia hemsleyana Dunn 199

Actinidia kolomikta (Maxim. et Rupr.) Maxim. 200

Actinidia polygama (Sieb. et Zucc.) Maxim. 200

Actinidia tetramera Maxim. 201

Actinidia venosa Rehd. 201

Actinidia chinensis var. *deliciosa* (A. Chevalier) A. Chevalier 198

Adenophora aurita Franch. 391

Adenophora capillaris Hemsl. 391

Adenophora capillaris subsp. *leptosepala* (Diels) Hong 392

Adenophora hunanensis Nannf. 392

Adenophora longipedicellata Hong 392

Adenophora potaninii Korsh. 393

Adenophora sinensis A. DC. 393

Adenophora wilsonii Nannf. 393

Adonis brevistyla Franch. 29

Ainsliaea angustata Chang 396

Ajuga decumbens Thunb. 314

Albizia kalkora (Roxb.) Prain 148

Aletris alpestris Diels 413

Aletris spicata (Thunb.) Franch. 414

Allium beesianum W. W. Sm. 414

Allium hookeri Thwaites 415

Allium macranthum Baker 415

Allium ovalifolium Hand. -Mazz. 416

Allium wallichii Kunth 417

Allium prattii C. H. Wright ex Hemsl. 416

Alpinia zerumbet (Pers.) Burtt. & Smith 440

Amphicarpaea edgeworthii Benth. 149

Anaphalis lactea Maxim.　397

Anaphalis margaritacea (L.) Benth. et Hook. f.
　398

Anaphalis nepalensis (Spreng.) Hand. -Mazz.
　398

Ancylostemon gamosepalus K. Y. Pan　344

Androsace henryi Oliv.　281

Anemone brevistyla Chang ex W. T. Wang　29

Anemone davidii Franch.　30

Anemone hupehensis Lem.　30

Anemone tomentosa (Maxim.) Pei　31

Apios carnea (Wall.) Benth. ex Baker　149

Apios fortunei Maxim.　150

Aquilegia ecalcarata Maxim.　31

Ardisia faberi Hemsl.　280

Arisaema biauriculatum W. W. Sm. ex Hand. -Mazz.
　411

Arisaema franchetianum Engl.　410

Arisaema lobatum Engl.　411

Aristolochia austroszechuanica Chien et Cheng ex
　　C. Y. Cheng et J. L. Wu　22

Aristolochia moupinensis Franch.　23

Aruncus sylvester Kostel.　106

Asarum caudigerellum C. Y. Cheng et C. S. Yang
　23

Asarum delavayi Franch.　24

Aster diplostephioides (DC.) C. B. Clarke.
　396

Aster flaccidus Bge.　397

Asteropyrum cavaleriei (Levl. et Vant.) Drumm.
　ex Hutch.　32

Asteropyrum peltatum (Franch.) Drumm. ex
　Hutch.　32

Astilbe grandis Stapf ex Wils.　79

Astragalus dumetorum Hand. -Mazz.　150

Astragalus floridus Benth. ex Bunge　151

Aucuba chinensis subsp. *omeiensis* (Fang) Fang et
　Soong　239

B

Bauhinia brachycarpa Wall. ex Benth.　151

Bauhinia glauca (Wall. ex Benth.) Benth.　152

Bauhinia yunnanensis Franch.　152

Beesia calthifolia (Maxim.) Ulbr.　33

Begonia limprichtii Irmsch.　214

Begonia pedatifida Lévl.　215

Begonia wilsonii Gagnep.　215

Berberis aemulans Schneid.　50

Berberis candidula Schneid.　51

Berberis gagnepainii var. *subovata* Schneid.
　51

Berberis henryana Schneid.　52

Berberis pruinosa Franch.　52

Berberis silva-taroucana Schneid.　53

Berberis triacanthophora Fedde　53

Berberis veitchii Schneid.　54

Berberis verruculosa Hemsl. et Wils.　54

Berberis xingwenensis Ying　55

Berchemia flavescens (Wall.) Brongn.　194

Berchemia floribunda (Wall.) Brongn.　195

Berchemia lineata (L.) DC.　196

Bidens cernua L.　399

Bletilla formosana (Hayata) Schltr.　441

Boenninghausenia albiflora (Hook.) Reichb. ex
　Meisn.　160

Bredia fordii (Hance) Diels　226

Buddleja albiflora Hemsl.　305

Buddleja nivea Duthie　305

C

Caesalpinia decapetala (Roth) Alston　153

Calanthe brevicornu Lindl.　442

Calanthe davidii Franch.　442

Calanthe hancockii Rolfe　443

Calanthe nipponica Makino　443

拉丁学名索引

Calanthe tricarinata Lindl.　444

Calanthe yuana T. Tang et F. T. Wang　445

Caltha palustris L.　33

Caltha scaposa Hook. f. et Thoms.　34

Campanumoea javanica Bl.　394

Campylotropis hirtella (Franch.) Schindl.　153

Campylotropis macrocarpa (Bunge) Rehd.
　153

Caragana franchetiana Kom.　154

Cardamine flexuosa With.　77

Cardamine macrophylla Willd.　78

Cardiocrinum giganteum (Wall.) Makino　417

Carduus crispus L.　399

Carpesium cernuum L.　400

Carpesium longifolium Chen et C. M. Hu　400

Caryopteris terniflora Maxim.　314

Cassiope selaginoides Hook. f. et Thoms.
　244

Celastrus gemmatus Loes.　184

Celastrus glaucophyllus Rehd. et Wils.　185

Celastrus rosthornianus Loes.　186

Celastrus stylosus Wall.　186

Celastrus vaniotii (Lévl.) Rehd.　187

Cephalanthera erecta (Thunb. ex A. Murray) Bl.
　445

Ceratostigma plumbaginoides Bunge　296

Ceropegia dolichophylla Schltr.　309

Championella tetrasperma (Champ. ex Benth.)
　Bremek.　346

Chloranthus sessilifolius K. F. Wu　21

Chrysosplenium griffithii Hook. f. et Thoms.
　80

Chrysosplenium hydrocotylifolium var. *emeiense* J.
　T. Pan　80

Chrysosplenium lanuginosum Hook. f. et Thoms.
　81

Chrysosplenium macrophyllum Oliv.　81

Chrysosplenium pilosum var. *valdepilosum*

Ohwi　82

Chrysosplenium sinicum Maxim.　82

Circaea alpina subsp. *imaicola* (Asch. et Mag.)
　Kitamura　229

Circaea cordata Royle　230

Cirsium fangii Petrak　400

Cirsium handelii Petrak ex Hand. -Mazz.　401

Clematis apiifolia var. *obtusidentata* Rehd. et
　Wils.　34

Clematis chrysocoma Franch.　35

Clematis meyeniana Walp.　35

Clematis montana var. *grandiflora* Hook.　36

Clematis montana var. *wilsonii* Sprag.　36

Clematis pogonandra Maxim.　37

Clematis tangutica (Maxim.) Korsh.　38

Clematis terniflora DC.　38

Clematis uncinata Champ.　39

Clematis venusta M. C. Chang　39

Clematoclethra lasioclada Maxim.　202

Clematoclethra lasioclada var. *grandis* (Hernsl.)
　Rehd.　202

Clinopodium gracile (Benth.) Matsum.　315

Clinopodium longipes C. Y. Wu et Hsuan ex H. W.
　Li　316

Clintonia udensis Trautv. et Mey.　418

Codonopsis deltoidea Chipp　394

Coluria Henryi Batal.　107

Comastoma pulmonarium (Turcz.) Toyokuni
　306

Cornus chinensis Wanger.　240

Corydalis davidii Franch.　71

Corydalis elata Bur. et Franch.　71

Corydalis esquirolii Lévl.　72

Corydalis flexuosa Franch.　72

Corydalis mucronata Franch.　73

Corydalis pallida (Thunb.) Pers.　73

Corydalis stenantha Franch.　74

Corydalis weigoldii Fedde　74

Corylopsis willmottiae Rehd. et Wils.   104

Corylopsis yunnanensis Diels   105

Cotoneaster acuminatus Lindl.   108

Cotoneaster acutifolius Turcz.   108

Cotoneaster adpressus Bois   109

Cotoneaster bullatus Bois   109

Cotoneaster horizontalis Dcne.   110

Cotoneaster microphyllus Wall. ex Lindl.   111

Cotoneaster moupinensis Franch.   111

Cotoneaster rhytidophyllus Rehd. &. Wils.
        112

Cotoneaster dammeri C. K. Schneid.   110

Crassocephalum crepidioides (Benth.) S. Moore
        401

Crawfurdia delavayi Franch.   306

Cremanthodium lineare Maxim.   402

Crotalaria albida Heyne ex Roth   154

Curculigo capitulata (Lour.) O. Kuntze   437

Curculigo gracilis (Wall. ex Kurz) Hook. f.
        438

Curculigo orchioides Gaertn.   438

Cyananthus hookeri C. B. Cl.   395

Cynanchum decipiens Schneid.   310

Cynoglossum divaricatum Steph. ex Lehm.
        312

Cynoglossum lanceolatum Forsk.   312

Cypripedium fasciolatum Franch.   446

Cypripedium henryi Rolfe   447

Cypripedium tibeticum King ex Rolfe   447

D

Daphne acutiloba Rehd.   217

Daphne gemmata E. Pritz.   218

Daphne kiusiana var. atrocaulis (Rehd.) F.
        Maekawa   218

Daphne papyracea Wall. ex Steud.   219

Davidia involucrata Baill. var. vilmoriniana
        (Dode) Wanger.   221

Davidia involucrata Baill.   220

Delphinium bonvalotii Franch.   40

Delphinium omeiense W. T. Wang   40

Delphinium orthocentrum Franch.   41

Dendrobenthamia capitata (Wall.) Hutch.
        240

Dendrobenthamia capitata var. emeiensis (Fang et
        Hsieh) Fang et W. K. Hu   241

Dendrobenthamia multinervosa (Pojark.) Fang
        241

Desmodium elegans DC.   155

Deutzia longifolia Franch.   83

Deutzia nanchuanensis W. T. Wang   83

Deutzia pilosa Rehd.   84

Deutzia pilosa var. longiloba P. He. et L. C. Hu
        84

Deutzia rubens Rehd.   85

Deutzia schneideriana Rehd.   86

Deutzia setchuenensis Franch.   86

Deutzia setchuenensis var. longidentata Rehd.
        87

Dichocarpum auriculatum (Franch.) W. T. Wang
        et Hsiao   41

Dichocarpum sutchuenense (Franch.) W. T. Wang
        et Hsiao   42

Dickinsia hydrocotyloides Franch.   237

Dicranostigma leptopodum (Maxim.) Fedde
        75

Diflugossa colorata (Nees) Bremek.   345

Dipsacus inermis Wall.   383

Dipsacus japonicus Miq.   383

Disporopsis aspera (Hua) Engl. ex Krause
        418

Disporopsis pernyi (Hua) Diels   419

Disporum megalanthum Wang et Tang   419

Disporum sessile D. Don   420

Dregea sinensis Hemsl.   311

拉丁学名索引

E

Elaeagnus angustata (Rehd.) C. Y. Chang 222

Elaeagnus lanceolata Warb 222

Elaeagnus magna Rehd. 223

Elaeagnus stellipila Rehd. 224

Elsholtzia splendens Nakai ex F. Maekawa 316

Epilobium amurense Hausskn. 230

Epilobium kermodei Raven 231

Epilobium palustre L. 232

Epilobium sinense Lévl. 232

Epilobium speciosum Decne. 233

Epimedium acuminatum Franch. 56

Epimedium chlorandrum Stearn 56

Epimedium davidii Franch. 57

Epimedium ecalcaratum G. Y. Zhong 58

Epimedium fangii Stearn 58

Epimedium fargesii Franch. 59

Epimedium rhizomatosum Stearn 59

Epipactis helleborine (L.) Crantz 448

Epipactis mairei Schltr. 448

Eruca sativa Mill. 78

Euaraliopsis palmipes (Forrest ex W. W. Smith) Hutch. 236

Euonymus carnosus Hemsl. 188

Euonymus cornutus Hemsl. 188

Euonymus gracillimus Hemsl. 189

Euonymus grandiflorus Wall. 190

Euonymus hui J. S. Ma 190

Euonymus phellomanus Loes. 191

Euphorbia hylonoma Hand. -Mazz. 162

Euphorbia sieboldiana Morr. et Decne 162

Euptelea pleiospermum Hook. f. et Thoms. 70

F

Farfugrium japonicum (L. f.) Kitam. 402

Fordiophyton faberi Stapf 227

Fragaria gracilis Lozinsk. 112

Fragaria nilgerrensis Schlecht. ex Gay 113

Fritillaria crassicaulis S. C. Chen 420

Fritillaria davidii Franch. 421

Fritillaria sichuanica S. C. Chen 421

G

Galeopsis bifida Boenn. 317

Gaultheria cuneata (Rehd. et Wils.) Bean 245

Gaultheria hookeri C. B. Clarke 246

Gentiana squarrosa Ledeb. 307

Geranium delavayi Franch. 158

Geranium napuligerum Franch. 159

Geranium pylzowianum Maxim. 159

Geranium sibiricum L. 160

Gleacdovia mupinense Hu 347

Globba racemosa Smith 440

Gnaphalium hypoleucum DC. 402

Gordonia acuminata Chang 203

Gymnadenia bicornis T. Tang et K. Y. Lang 449

Gymnadenia conopsea (L.) R. Br. 449

Gymnadenia crassinervis Finet 450

Gymnadenia emeiensis K. Y. Lang 451

H

Habenaria davidii Franch. 451

Habenaria delavayi Finet 452

Helleborus thibetanus Franch. 42

Helwingia chinensis Batal. 242

Helwingia himalaica Hook. f. et Thoms. ex C. B. Clarke 242

Helwingia omeiensis (Fang) Hara et Kuros. 243

Hemsleya gigantha W. J. Chang   387

Hemsleya emeiensis L. D. Shen et W. J. Chang 386

Herminium alaschanicum Maxim.   453

Heterostemma alatum Wight.   309

Holboellia fargesii Reaub.   49

Hydrangea aspera D. Don   87

Hydrangea bretschneideri Dipp.   88

Hydrangea davidii Franch.   88

Hydrangea longipes Franch.   89

Hydrangea strigosa Rehd.   91

Hydrangea villosa Rehd.   92

Hydrangea xanthoneura Diels   92

Hydrangea robusta J. D. Hooker et Thomson 90

Hydrocotyle nepalensis Hook.   238

Hypericum faberi R. Keller   204

Hypericum hookerianum Wight et Arn.   205

Hypericum japonicum Thunb. ex Murray   205

I

Illicium simonsii Maxim.   63

Impatiens alpicola Y. L. Chen et Y. Q. Lu   166

Impatiens apsotis Hook. f.   166

Impatiens bahanensis Hand. -Mazz.   167

Impatiens blepharosepala Pritz. ex Diels   167

Impatiens brevipes Hook. f.   168

Impatiens commellinoides Hand.-Mazz.   169

Impatiens dicentra Franch. ex Hook. f.   170

Impatiens distracta Hook. f.   170

Impatiens faberi Hook.   171

Impatiens leptocaulon Hook. f.   171

Impatiens martinii Hook. f.   172

Impatiens microstachys Hook. f.   172

Impatiens monticola Hook. f.   173

Impatiens omeiana Hook. f.   174

Impatiens oxyanthera Hook. f.   174

Impatiens platyceras Maxim.   175

Impatiens platychlaena Hook. f.   175

Impatiens pudica Hook. f.   176

Impatiens racemosa DC.   177

Impatiens rhombifolia Y. Q. Lu et Y. L. Chen 177

Impatiens robusta Hook. f.   178

Impatiens rostellata Franch.   179

Impatiens rubro-striata Hook. f.   179

Impatiens stenosepala Pritz. ex Diels   180

Impatiens textori Miq.   181

Impatiens tienchuanensis Y. L. Chen   181

Impatiens tortisepala Hook. f.   182

Impatiens undulata Y. L. Chen et Y. Q. Lu   183

Impatiens wilsonii Hook. f.   182

Incarvillea younghusbandii Sprague   349

Indigofera bungeana Walp.   156

Indigofera pendula Franch.   157

Iris chrysographes Dykes   439

J

Jasminum lanceolaria Roxburgh   302

L

Lamium amplexicaule L.   317

Lamium barbatum Sieb. et. Zucc.   318

Leontopodium calocephalum (Franch.) Beauv. 403

Leontopodium wilsonii Beauv.   403

Leptodermis limprichtii H. Winkl.   350

Leptodermis parvifolia Hutch.   350

Leptodermis pilosa Diels   351

Leptopus chinensis (Bunge) Pojark   163

Leptopus clarkei (Hook. f.) Pojark   163

Ligularia duciformis (C. Winkl.) Hand. -Mazz. 404

拉丁学名索引

Ligularia nelumbifolia (Bur. et Franch.) Hand.-Mazz.   404

Ligularia veitchiana (Hemsl.) Greenm.   405

Ligustrum delavayanum Hariot   302

Lilium duchartrei Franch.   423

Lilium lophophorum (Bur. et Franch.) Franch.   422

Lilium regale Wilson   424

Lilium taliense Franch.   424

Lindera obtusiloba Bl.   67

Lindera prattii Gamble   68

Lindera tienchuanensis W. P. Fang et H. S. Kung   68

Liriope kansuensis (Batal.) C. H. Wright   425

Litsea mollis Hemsl.   69

Litsea moupinensis Lec.   69

Lonicera acuminata Wall.   357

Lonicera calcarata Hemsl.   357

Lonicera chrysantha Turcz.   358

Lonicera confusa (Sweet) DC.   358

Lonicera ferruginea Rehd.   359

Lonicera fragrantissima subsp. *standishii* (Carr.) Hsu et H. J. Wang   359

Lonicera hispida Pall. ex Roem. et Schult.   360

Lonicera hypoglauca Miq.   360

Lonicera japonica var. *chinensis* (Wats.) Bak.   361

Lonicera lanceolata Wall.   362

Lonicera ligustrina subsp. *yunnanensis* (Franch.) Hsu et H. J. Wang   362

Lonicera ligustrina Wall.   361

Lonicera macranthoides Hand. -Mazz.   363

Lonicera myrtillus Hook. f. et Thoms.   363

Lonicera pileata Oliv.   364

Lonicera rupicola Hook. f. et Thoms.   364

Lonicera saccata Rehd.   365

Lonicera similis var. *omeiensis* Hsu et H. J. Wang   366

Lonicera tangutica Maxim.   366

Lonicera tragophylla Hemsl.   367

Lonicera trichosantha Bur. et Franch.   367

Lonicera trichosantha var. *xerocalyx* (Diels) Hsu et H. J. Wang   368

Lonicera webbiana var. *mupinensis* (Rehd.) Hsu et H. J. Wang   369

Lonicera webbiana Wall. ex DC.   368

Lonicera scabrida Franch.   365

Lyonia ovalifolia (Wall.) Drude   246

Lysimachia baoxingensis (Chen et C. M. Hu) C. M. Hu   282

Lysimachia decurrens Forst. f.   282

Lysimachia erosipetala Chen et C. M. Hu   283

Lysimachia hemsleyi Franch.   283

M

Magnolia delavayi Franch.   64

Magnolia sargentiana Rehd. et Wils.   64

Mahonia gracilipes (Oliv.) Fedde   60

Mahonia nitens Schneid.   60

Mahonia sheridaniana Schneid.   61

Mahonia polyodonta Fedde   61

Mallotus japonicus var. *floccosus* (Muell. Arg.) S. M. Hwang   164

Mallotus philippensis (Lam) Muell.   164

Malus halliana Koehne   113

Malus rockii Rehd.   114

Manglietia insignis (Wall.) Bl.   65

Mazus miquelii Makino   333

Meconopsis integrifolia (Maxim.) Franch.   75

Meconopsis punicea Maxim.   76

Meehania faberi (Hemsl.) C. Y. Wu   318

Meehania fargesii (Lévl.) C. Y. Wu   319

Meehania henryi (Hemsl.) Sun ex C. Y. Wu   319

Meehania urticifolia (Miq.) Makino   320

Melastoma dodecandrum Lour.　227

Melissa axillaris (Benth.) Bakh. f.　320

Michelia wilsonii Finet et Gagnep.　65

Microtoena moupinensis (Franch.) Prain　321

Microula sikkimensis (Clarke) Hemsl.　313

Mimulus tenellus Bunge　334

Mimulus tenellus var. platyphyllus (Fr.) Tsoong
　334

Monotropa uniflora L.　247

Mosla dianthera (Buch.-Ham.) Maxim.　321

Mussaenda erosa Champ.　351

Mussaenda esquirolii Lévl.　352

Mussaenda pubescens Ait. f.　352

Myriactis nepalensis Less.　405

N

Neanotis hirsuta (L. f.) Lewis　352

Neillia affinis Hemsl.　114

Neillia sinensis Oliv.　115

Notholirion bulbuliferum (Lingelsh.) Stearn
　425

O

Ophiopogon chingii Wang et Tang　426

Ophiorrhiza chinensis Lo　353

Ophiorrhiza japonica Blume　353

Orchis chusua D. Don　453

Oreorchis patens (Lindl.) Lindl.　454

Osbeckia rhopalotricha C. Y. Wu ex C. Chen
　228

Osmanthus serrulatus Rehd.　303

P

Paederia cruddasiana Prain　354

Paeonia mairei Lévl.　43

Parakmeria omeiensis Cheng　66

Paraprenanthes sororia (Miq.) Shih　406

Parnassia brevistyla (Brieg.) Hand. -Mazz.
　93

Parnassia davidii Franch.　93

Parnassia delavayi Franch.　94

Parnassia mysorensis Heyne ex Wight et Arn.
　94

Patrinia scabiosaefolia Fisch. ex Trev.　381

Pedicularis comptoniaefolia Franch.　335

Pedicularis davidii Franch.　336

Pedicularis lineata Franch. ex Maxim.　337

Pedicularis membranacea Li　337

Pedicularis phaceliaefolia Franch.　338

Pedicularis rex C. B. Clarke ex Maxim.　338

Pedicularis roylei Maxim.　339

Periploca calophylla (Wight) Falc.　310

Petasites japonicus (Sieb. et Zucc.) Maxim.
　406

Petrocosmea sichuanensis Chun ex W. T. Wang
　344

Philadelphus calvescens (Rehd.) S. M. Hwang
　95

Philadelphus incanus Koehne　95

Philadelphus purpurascens (Koehne) Rehd.
　96

Philadelphus subcanus Koehne　96

Phlomis megalantha Diels　322

Phlomis ornata C. Y. Wu　322

Phlomis pedunculata Sun ex C. H. Hu　323

Phlomis umbrosa Turcz.　323

Phytolacca polyandra Batalin　165

Pinguicula alpina L.　348

Plagiopetalum esquirolii (Lévl.) Rehd.　228

Platanthera chlorantha Cust. ex Rchb.　454

Platanthera japonica (Thunb. ex A. Marray)
　Lindl.　455

Platanthera mandarinorum Rchb. f.　455

Pleione albiflora Cribb et C. Z. Tang　456

拉丁学名索引

Pleione limprichtii Schltr.　456

Podocarpium podocarpum (DC.) Yang et Huang　155

Podocarpium var. *oxyphyllum* (DC.) Yang et Huang　156

Pollia japonica Thunb.　412

Polygala wattersii Hance　161

Polygonatum cirrhifolium (Wall.) Royle　426

Polygonatum punctatum Royle ex Kunth　427

Polygonatum verticillatum (L.) All.　427

Polygonatum zanlanscianense Pamp.　428

Polygonum macrophyllum D. Don.　24

Polygonum viviparum L.　25

Potentilla anserina L.　115

Potentilla freyniana Bornm.　116

Potentilla glabra Lodd.　116

Potentilla kleiniana Wight et Arn.　117

Potentilla leuconota D. Don　117

Primula blinii Lévl.　284

Primula davidii Franch.　285

Primula denticulata Smith　285

Primula epilosa Craib　286

Primula fagosa Balf. f. et Craib　286

Primula heucherifolia Franch.　287

Primula kialensis Franch.　287

Primula moupinensis Franch.　288

Primula obconica Hance　288

Primula odontocalyx (Franch.) Pax　289

Primula oreodoxa Franch.　289

Primula ovalifolia Franch.　290

Primula pulverulenta Duthie　290

Primula secundiflora Franch.　291

Primula sieboldii E. Morren　292

Primula sinolisteri Balf. f.　292

Primula sonchifolia Franch.　293

Primula sonchifolia subsp. *emeiensis* C. M. Hu　293

Primula tridenatifera Chen et C. M. Hu　295

Primula veitchiana Petitm.　294

Primula yunnanensis Franch.　295

Prunus padus L.　119

Prunus dielsiana (Schneid.) Yü et Li　118

Prunus obtusata Koehne　118

Pseudostellaria heterantha (Maxim.) Pax　26

Pterocephalus bretschneideri (Bat.) Pritz.　385

Pterocypsela laciniata (Houtt.) Shih　407

Pueraria lobata var. *montana* (Lour.) van der Maesen　157

Q

Quisqualis indica L.　225

R

Rabdosia adenantha (Diels) Hara　324

Rabdosia eriocalyx (Dunn) Hara　324

Rabdosia excisoides (Sun ex C. H. Hu) C. Y. Wu et H. W. Li　325

Rabdosia flabelliformis C. Y. Wu　325

Rabdosia lophanthoides (Buch.-Ham. ex D. Don) Hara　326

Rehderodendron macrocarpum Hu　300

Reineckea carnea (Andrews) Kunth　428

Rhamnus leptophylla Schneid.　196

Rheum pumilum Maxim.　25

Rhododendon concinnum Hemsl.　254

Rhododendron ambiguum Hemsl.　247

Rhododendron argyrophyllum Franch.　248

Rhododendron argyrophyllum subsp. *omeiense* (Rehd. et Wils.) Chamb. ex Cullen et Chamb.　248

Rhododendron asterochnoum Diels　249

Rhododendron augustinii Hemsl.　249

Rhododendron bureavii Franch.　250

Rhododendron calophytum Franch.　251

Rhododendron calophytum var. openshawianum (Rehd. et Will.) Chamb. ex Cullen et Chamb. 252

Rhododendron cephalanthum Franch. 252

Rhododendron coeloneurum Diels 253

Rhododendron davidii Franch. 254

Rhododendron decorum Franch. 255

Rhododendron delavayi Franch. 255

Rhododendron dendrocharis Franch. 256

Rhododendron discolor Franch. 257

Rhododendron faberi Hemsl. 257

Rhododendron fortunei Lindl. 258

Rhododendron hanceanum Hemsl. 258

Rhododendron hunnewellianum Rehd. et Wils. 259

Rhododendron insigne Hemsl. et Wils. 259

Rhododendron lacteum Franch. 260

Rhododendron latoucheae Franch. 278

Rhododendron leiboense Z. J. Zhao 278

Rhododendron longesquamatum Schneid. 261

Rhododendron lutescens Franch. 261

Rhododendron maculiferum Franch. 262

Rhododendron maculiferum subsp. anhweiense (Wils.) Chamb. ex Cullen et Chamb. 263

Rhododendron microphyton Franch. 263

Rhododendron moupinense Franch. 264

Rhododendron nitidulum Rehd. et Wils. 264

Rhododendron nitidulum var. omeiense Philipson et M. N. Philipson 265

Rhododendron ochraceum Rehd. et Wils. 266

Rhododendron orbiculare Decne. 266

Rhododendron oreodoxa Franch. 267

Rhododendron pachypodum Balf. f. et W. W. Smith 267

Rhododendron pachytrichum Franch. 268

Rhododendron pingianum Fang 268

Rhododendron polylepis Franch. 269

Rhododendron przewalskii Maxim. 279

Rhododendron racemosum Franch. 270

Rhododendron ririei Hemsl. et Wils. 270

Rhododendron rubiginosum Franch. 271

Rhododendron sargentianum Rehd. et Wils. 271

Rhododendron searsiae Rehd. et Wils. 272

Rhododendron spanotrichum Balf. f. et W. W. Smith 272

Rhododendron strigillosum Franch. 273

Rhododendron strigillosum var. monosematum (Hutch.) T. L. Ming 274

Rhododendron trichanthum Rehd. 274

Rhododendron vernicosum Franch. 275

Rhododendron williamsianum Rehd. et Wils. 275

Rhododendron wiltonii Hemsl. et Wils. 276

Rhododendron wongii Hemsl. et Wils. 276

Rhododendron yunnanense Franch. 277

Ribes glaciale Wall. 97

Ribes humile Jancz. 97

Ribes laciniatum Hook. f. et Thoms. 98

Ribes maximowiczii Batalin. 98

Ribes moupinense Franch. 99

Ribes vilmorinii Jancz. 99

Rodgersia pinnata Franch. 100

Rodgersia sambucifolia Hemsl. 100

Rosa banksiae Ait. 119

Rosa brunonii Lindl. 120

Rosa caudata Baker. 120

Rosa chengkouensis Yu et Ku 121

Rosa cymosa Tratt. 121

Rosa glomerata Rehd. et Wils. 122

Rosa graciliflora Rehd. et Wils. 122

Rosa helenae Rehd. et Wils. 123

Rosa henryi Bouleng. 123

Rosa longicuspis Bertol. 124

Rosa macrophylla Lindl. 124

Rosa moyesii Hemsl. et Wils. 125

拉丁学名索引

Rosa multiflora Thunb.　126

Rosa multiflora var. *cathayensis* Rehd. et Wils.
　126

Rosa omeiensis f. pteracantha Rehd. et Wils.
　127

Rosa omeiensis Rolfe　127

Rosa sericea Lindl.　128

Rosa sertata Rolfe　128

Rosa soulieana Crep.　129

Rubia schumanniana Pritzel　355

Rubus amabilis Focke　129

Rubus amphidasys Focke ex Diels　130

Rubus assamensis Focke　130

Rubus chingii Hu　131

Rubus chroosepalus Focke　131

Rubus corchorifolius L.　131

Rubus faberi Focke　132

Rubus fockeanus Kurz　132

Rubus hirsutus Thunb.　133

Rubus ichangensis Hemsl. et Ktze.　133

Rubus lasiostylus Focke　133

Rubus mesogaeus Focke　134

Rubus niveus Thunb.　134

Rubus parkeri Hance　135

Rubus parvifolius L.　135

Rubus pectinaris Focke　136

Rubus piluliferus Focke　136

Rubus pinfaensis Lévl. et Vant.　137

Rubus pungens var. *oldhamii* (Miq.) Maxim.
　137

Rubus rosaefolius Smith　138

Rubus setchuenensis Bureau et Franch.　138

Rubus subinopertus Yu et Lu　138

Rubus subtibetanus Hand.-Mazz.　139

Rubus swinhoei Hance　139

Rubus tricolor Focke　139

Rubus wawushanensis Yu et Lu　140

S

Sabia yunnanensis subsp. *latifolia* (Rehd. et Wils.)
　Y. F. Wu　193

Salvia bifidocalyx C. Y. Wu et Y. C. Huang
　326

Salvia cavaleriei Levl.　327

Salvia chinensis Benth.　327

Salvia cynica Dunn　328

Salvia himmelbaurii Stib.　328

Salvia omeiana Stib.　329

Salvia przewalskii Maxim.　329

Salvia tricuspis Franch.　330

Sanicula lamelligera Hance　238

Sapium discolor (Champ. ex Benth.) Muell.
　164

Saxifraga aculeata Balf. f.　101

Saxifraga carnosula Mattf.　102

Saxifraga mengtzeana Engl. et Irmsch.　102

Saxifraga rufescens Balf. f.　103

Schisandra rubriflora (Franch). Rehd. et Wils.
　66

Scutellaria orthocalyx Hand. -Mazz.　330

Scutellaria quadrilobulata Sun ex C. H. Hu
　331

Scutellaria yunnanensis Lévl.　331

Senecio argunensis Turcz.　407

Senecio faberi Hemsl.　408

Senecio laetus Edgew.　408

Serissa serissoides (DC.) Druce　355

Sibiraea angustata (Rehd.) Hand. -Mazz.　140

Silene asclepiadea Franch.　26

Sinosenecio chienii (Hand. -Mazz.) B. Nord.
　409

Sinosenecio euosmus (Hand. -Mazz.) B. Nord.
　409

Smilacina atropurpurea (Franch.) Wang et

Tang　　429

Smilacina henryi (Baker) Wang et Tang　　429

Smilacina henryi var. *szechuanica* (Wang et Tang) Wang et Tang　　430

Smilacina paniculata (Baker) Wang et Tang　　430

Smilax bockii Warb.　　431

Smilax discotis Warb.　　431

Smilax ferox Wall. ex Kunth　　432

Smilax glauco-china Warb.　　432

Smilax lanceifolia var. *elongata* (Warb.) Wang et Tang　　433

Smilax scobinicaulis C. H. Wright　　433

Smilax stans Maxim.　　434

Solanum xanthocarpum Schrad. et Wendl.　　333

Sorbaria arborea Schneid.　　141

Sorbus caloneura (Stapf) Rehd.　　*141*

Sorbus folgneri (Schneid.) Rehd.　　*141*

Sorbus hemsleyi (Schneid.) Rehd.　　*142*

Sorbus hupehensis Schneid.　　142

Sorbus koehneana Schneid.　　142

Sorbus megalocarpa Rehd. I　　143

Sorbus rehderiana Koehne　　143

Sorbus setschwanensis (Schneid.) Koehne　　143

Sorbus vilmorinii Schneid.　　144

Sorbus wilsoniana Schneid.　　144

Spiraea chinensis Maxim.　　145

Spiraea henryi Hemsl.　　145

Spiraea japonica var. *acuminata* Franch.　　146

Spiraea japonica var. *glabra* (Regel) Koidz.　　146

Spiraea mollifolia Rehd.　　146

Spiraea veitchii Hemsl.　　147

Stachys kouyangensis (Vaniot) Dunn　　332

Stachys pseudophlomis C. Y. Wu　　332

Stachyurus salicifolius Franch.　　216

Stachyurus yunnanensis Franch.　　216

Staphylea holocarpa Hemsl.　　192

Stephania epigaea Lo　　62

Stranvaesia davidiana var. *undulata* (Dcne.) Rehd. et Wils.　　147

Streptolirion volubile Edgew.　　412

Streptopus obtusatus Fassett　　434

Strobilanthes dimorphotricha Hance　　346

Styrax dasyanthus Perk.　　301

Styrax roseus Dunn　　301

Swertia cincta Burk.　　307

Swertia oculata Hemsl.　　308

Symplocos anomala Brand.　　297

Symplocos lancifolia Sieb. et Zucc.　　298

Symplocos lucida (Thunberg) Siebold et Zuccarini　　299

Syringa komarowii Schneid.　　303

Syringa komarowii var. *reflexa* (Schneid.) Jien ex M. C. Chang　　304

Syringa sweginzowii Koehne et Lingelsh.　　304

T

Taxillus delavayi (Van Tiegh.) Danser.　　22

Thalictrum alpinum L.　　43

Thalictrum delavayi Franch.　　44

Thalictrum delavayi var. *decorum* Franch.　　45

Thalictrum finetii Boivin　　45

Thalictrum javanicum Bl. Bijdr.　　46

Thalictrum microgynum Lecoy. ex Oliv.　　47

Thalictrum przewalskii Maxim.　　47

Thalictrum uncinulatum Franch.　　48

Thladiantha capitata Cogn.　　387

Thladiantha longifolia Cogn. ex Oliv.　　388

Thladiantha nudiflora Hemsl. ex Forbes et Hemsl.　　388

Thyrocarpus sampsonii Hance　　313

Torenia glabra Osbeck　　339

Trichosanthes cucumeroides (Ser.) Maxim.　　389

拉丁学名索引

Trichosanthes laceribractea Hayata   389

Trichosanthes rubriflos Thorel ex Cayla   390

Tricyrtis maculata (D. Don) Machride   435

Trigonotis omeiensis Matsuda   313

Triosteum himalayanum Wall.   369

Triosteum pinnatifidum Maxim.   370

Triplostegia glandulifera Wall. ex DC.   385

Tripterospermum cordatum (Marq.) H. Smith   308

Tupistra fimbriata Hand.-Mazz.   435

Tupistra urotepala (Hand. - Mazz.) Wang et Tang   436

V

Valeriana daphniflora Hand. -Mazz.   382

Valeriana flaccidissima Maxim.   382

Veratrum grandiflorum (Maxim.) Loes. f.   436

Vernonia esculenta Hemsl.   409

Veronica henryi Yamazaki   340

Veronica javanica Blume   340

Veronica laxa Benth.   341

Veronica persica Poir.   341

Veronica serpyllifolia L.   342

Veronica sutchuenensis Franch.   343

Veronica szechuanica Batal.   343

Viburnum betulifolium Batal.   370

Viburnum brachybotryum Hemsl.   371

Viburnum cinnamomifolium Rehd.   371

Viburnum cylindricum Buch. -Ham. ex D. Don   372

Viburnum erosum Thunb.   372

Viburnum erubescens Wall.   373

Viburnum foetidum var. *ceanothoides* (C. H. Wright) Hand. -Mazz.   374

Viburnum foetidum var. *rectangulatum* (Graebn.) Rehd.   374

Viburnum foetidum Wall.   373

Viburnum fordiae Hance   375

Viburnum lancifolium Hsu.   375

Viburnum macrocephalum Fort.   376

Viburnum nervosum D. Don   376

Viburnum odoratissimum var. *awabuki* (K. Koch) Zabel ex Rumpl.   377

Viburnum plicatum var. *tomentosum* (Thunb.) Miq.   377

Viburnum propinquum Hemsl.   378

Viburnum rhytidophyllum Hemsl.   378

Viburnum sympodiale Graebn.   379

Viburnum setigerum Hance   379

Viburnum ternatum Rehd.   380

Viburnum utile Hemsl.   380

Viola betonicifolia J. E. Smith   206

Viola bulbosa Maxim.   206

Viola davidii Franch.   207

Viola delavayi Franch.   207

Viola diffusa Ging.   208

Viola faurieana W. Beck.   208

Viola grandisepala W. Beck.   209

Viola hediniana W. Beck.   209

Viola phalacrocarpa Maxim.   210

Viola schneideri W. Beck.   210

Viola selkirkii Pursh ex Gold   211

Viola szetschwanensis W. Beck. et H. de Boiss.   211

Viola tenuissima Chang   212

Viola weixiensis C. J. Wang   213

Viola yunnanensis W. Beck. et H. de Boiss.   213

W

Wahlenbergia marginata (Thunb.) A. DC.   395

Wikstroemia dolichantha Diels   219